தூணிலும் இருப்பான் துரும்பிலும் இருப்பான்

நுண்ணுயிரி எனும் நண்பன்

முனைவர் பெ.சசிக்குமார்

BOOKS FOR CHILDREN

Thoonilum Iruppan Thurumbilum Iruppan (in Tamil)

Dr. P. Sasikumar

First Published: August,2023

Published by

BOOKS FOR CHILDREN

imprint of Bharathi Puthakalayam

7, Elango Salai, Teynampet, Chennai - 600 018.

Email: bharathiputhakalayam@gmail.com | www.thamizhbooks.com

தூணிலும் இருப்பான் துரும்பிலும் இருப்பான்

முனைவர் பெ. சசிக்குமார்

முதல் பதிப்பு: ஆகஸ்ட்,2023

வெளியீடு:

புக்ஸ் ஃபார் சில்ரன் | பாரதி புத்தகாலயத்தின் ஓர் அங்கம்

7, இளங்கோ சாலை, தேனாம்பேட்டை, சென்னை - 600 018.

தொலைபேசி : 044 24332424, 24330024 | விற்பனை: 24332924

விற்பனை உரிமை

விற்பனை நிலையங்கள்

அருப்புக்கோட்டை: கதவுஎண் 49 A/4 மெயின் ரோடு, தெற்கு தெரு - 9994173551
ஈரோடு: 39: 39 ஸ்டேட் பாங்க் சாலை - 9245448353
கரூர்: நாரத கானசபா அருகில் (TNGEA OFFICE)- 9442706676
காரைக்குடி : 12, 2 வது தெரு, கம்பன் மணிமண்டபம் பின்புறம் - 9443406150
கும்பகோணம்: 352, ரயில் நிலையம் எதிரில் - 9443995061
குன்னூர்: N.K.N வணிக வளாகம் பெட்போர்ட்
கோவை: 77, மசக்காளிபாளையம் ரோடு, பீளமேடு - 8903707294
சிதம்பரம்: 22A / 18B தேரடி கடைத் தெரு, கீழவீதி அருகில் - 9994399347
செங்கல்பட்டு: 1 D ஜி. எஸ்.டி சாலை - 044 27426964 **சேலம்:** 15, வித்யாலயா சாலை சாலை
தஞ்சாவூர்: காந்திஜி வணிக வளாகம் காந்திஜி சாலை - 9655542400
திண்டுக்கல்: பேருந்து நிலையம் - 9942331105, 9976053719
திருச்சி: வெண்மணி இல்லம், கரூர் புறவழிச்சாலை - 9994289492
திருநெல்வேலி: 25கி, ராஜேந்திரநகர் - 9442149981
திருப்பூர்: 447, அவினாசி சாலை - 9486105018 **திருவண்ணாமலை:** முத்தம்மாள் நகர்
திருவல்லிக்கேணி: 48, தேரடி தெரு - 9444428358
திருவாரூர்: 35, நேதாஜி சாலை - 9442540543 **நாகர்கோவில்:** 699 கே.பி.ரோடு R.V.புரம் - 9443450111
நெய்வேலி: பேருந்து நிலையம் அருகில், - 9443659147
பழனி: பேருந்து நிலையம் அருகில் - 9442883696
பாண்டிச்சேரி : கிழக்கு கடற்கரைச்சாலை, இலாசுப்பேட்டை, 9486102777
பெரம்பூர்: 52, கூக்ஸ் ரோடு - 9444373716 **மதுரை:** 37A, பெரியார் பேருந்து நிலையம் - 045 22324674
மதுரை: சர்வோதயா மெயின்ரோடு
வடபழனி: பேருந்து நிலையம் எதிரில் அடையார் ஆனந்தபவன் மாடியில் - 9444476967
விருதுநகர்: 131, கச்சேரி சாலை - 0456 2245300
வேலூர்: பேஸ் III, சத்துவாச்சாரி - 9442553893

நினைத்த நூல்கள்... நினைத்த நேரத்தில்... BharathiTV | www.bookday.in

thamizhbooks.com 8778073949

ரூ. 130/-

அச்சு : பிரிண்டெக், சென்னை - 600 005.

நாசாவில் விஞ்ஞானியாகப் பணியாற்றும் கஸ்தூரி வெங்கடேஸ்வரன் அவர்கள் சுயசரிதையைத் தமிழில் எழுதும் வாய்ப்புக் கிடைக்கப்பெற்றேன். அவரது கதையில் வந்த கதாபாத்திரங்களில் என்னை ஆச்சரியப்பட வைத்த அவருடைய அண்ணன் ராஜகோபாலன் மற்றும் அவருடைய துணைவியார் காயத்ரி அவர்களுக்கு இந்தப் புத்தகத்தைச் சமர்ப்பிப்பதில் மட்டற்ற மகிழ்ச்சி அடைகிறேன்.

அணிந்துரை

“தூணிலும் இருப்பான் துரும்பிலும் இருப்பான்” என்ற தலைப்பில் சசிக்குமார் எழுதியுள்ள இந்தப் புத்தகம் நுண்ணுயிரிகளின் சிக்கலான உலகத்தை விளக்கும் ஓர் அரிய நூலாகும். எளிமையான உரைநடையில், மழலையர் பள்ளிக்குச் செல்லும் குழந்தைகள் முதல் தமிழ் படிக்கத் தெரிந்த ஆனால் முறையான துறை சார்ந்த கல்வி அறிவு இல்லாத பெரியவர்கள் வரை அனைவருக்கும் புரியும் வகையில் விளக்கப்பட்டுள்ளது.

இந்தப் புத்தகத்தின் தலைப்பை அடிக்கடி பல இடங்களில் நாம் கேட்டு இருப்போம். கடவுள் எல்லா இடத்திலும் இருப்பார் என்று பொருள்படும்படி இந்தச் சொற்றொடரை பலரும் உபயோகிக்கின்றனர். ஏன் நடக்கிறது? எதற்கு நடக்கிறது? என்ற அடிப்படை அறிவியலை அறியாத காலத்தில் தெய்வீக தலையிட்டால் தான் இவை உருவாகின என்று நம்பப்பட்டது. உதாரணமாகப் பெரியம்மை, சின்னம்மை போன்ற கொள்ளை நோய்கள் தாக்கிய பொழுது நாம் செய்த பாவங்களுக்குக் கடவுளின் தண்டனைகள் தான் இவை என்று நம்பப்பட்டது.

இப்பொழுது நாம் கலியுகத்தின் முடிவில் இருக்கிறோம். உலகம் அழியப் போகிறது. நாம் செய்த பாவங்களின் உச்சம் தான் சமீபத்தில் நம்மைத் தாக்கிய கொரோனா வைரஸ் என்று குற்றம் கூறிக்கொண்டு இருப்பவர்களும் இருக்கிறார்கள். ஆராய்ச்சிகளுக்குப் பிறகு தான் புரிய வந்தது, இது போன்ற நோய்கள் நுண்ணுயிரிகளால் தான் நமக்கு வந்தது என்று. இந்த நோய்களைக் கட்டுப்படுத்த உடனடி தேவை தெய்வீக சக்தி அல்ல தகுந்த அறிவியல் கண்டுபிடிப்பு.

சரியான நேரத்தில் குழந்தைகளுக்குத் தடுப்பூசி போடப்படாதது கொள்ளை நோய்களின் அதிகரிப்புக்குக் காரணமாக இருக்கிறது. அமெரிக்கா போன்ற வளர்ந்த நாடுகள் உட்பட எல்லா நாடுகளிலும், சில பெற்றோர்கள் தங்கள் குழந்தைகளுக்குத் தடுப்பூசி போட மறுக்கின்றனர். தடுப்பூசிகள் போடுவதற்கு எதிர்ப்புத் தெரிவிப்பது அல்லது தடுப்பூசிகள் போடுவதற்குத் தாமதப்படுத்துவது ஆகியவை இதில் அடங்கும். ஏன் அப்படி

அவர்கள் செய்கிறார்கள் என்பதைப் புரிந்து கொள்ளப் பல ஆய்வுகள் உலகம் முழுவதும் நடத்தப்பட்டன. ஒவ்வொரு நாட்டிற்கும் ஒவ்வொரு பெற்றோரும் கூறும் காரணங்கள் வேறு வேறாக இருந்தாலும் அவற்றைக் கீழ்காணும் பிரிவுகளாக வகைப்படுத்தலாம்

- மத நம்பிக்கைகள்
- தனிப்பட்ட அல்லது தத்துவ நம்பிக்கைகள்
- தடுப்பூசிகளின் பாதுகாப்பு பற்றிய கவலைகள்
- முடிவெடுப்பதற்கு முன் மருத்துவர்கள் அல்லது செவிலியர்களிடம் இருந்து மேலும் அறிந்துகொள்ள விருப்பம்

இந்த நம்பிக்கைகளும் புரிதல்களும் வெவ்வேறு முடிவுகளுக்கு வழிவகுக்கும். சில பெற்றோர்கள் தங்கள் குழந்தைகளுக்கு அனைத்து தடுப்பூசிகளையும் மறுக்கலாம், மற்றவர்கள் நீண்ட காலத்திற்குத் தடுப்பூசி போட மறுக்கலாம்.

ஆய்வின் முடிவாகக் குழந்தை பருவ தடுப்பூசிகள் பற்றித் தங்களுக்குக் கேள்விகள் அல்லது கவலைகள் இருப்பதாகப் பல பெற்றோர்கள் ஒப்புக் கொண்டனர். அதனால் தான் தடுப்பூசிகள் பற்றிய உண்மையை அறிவியலாளர்கள் பொதுமக்களுக்குப் புரிய வைப்பது முக்கியம்.

தடுப்பூசி எப்படி வேலை செய்கிறது? தடுப்பூசி போட்டுக் கொள்வதால் எப்படி வருங்காலத்தில் கொள்ளை நோய்களால் பாதிக்கப்படாமல் இருப்போம் என்பதைப் பெற்றோர்களுக்குப் புரியும் வகையில் கூறும் பொழுது உரிய நேரத்தில் குழந்தைகள் தடுப்பூசி எடுத்துக் கொள்ள வைக்க முடியும்.

அனைத்து நுண்ணுயிரிகளும் மோசமானவை அல்ல என்பதால், நுண்ணுயிரிகளைப் பற்றிய உண்மைகளைப் புரிந்துகொள்ள எளிய மக்களுக்கு உதவுவதில் நுண்ணுயிரி கல்வி முக்கியமானது. இந்தத் தேவையைப் பூர்த்திச் செய்யும் வகையில் சசிக்குமாரின் இந்தப் புத்தகம் நுண்ணுயிரிகள் குறித்த நேரடியான அறிவியல் விளக்கங்களை வழங்குகிறது. இது இந்த நோய்களைக் குறித்து அறிந்து கொள்வதற்கும், அன்றாட மக்களுக்கு அவை ஏற்படுவதற்கான உண்மையான காரணங்களைப் புரிந்துகொள்ளவும் உதவுகிறது. இது பாரம்பரியத்திற்கும் நவீன அறிவியலுக்கும்

இடையிலான ஒரு பாலம். இந்தப் புத்தகத்தில் கூறப்பட்ட புரிதலின் மூலம் நுண்ணுயிரி உலகின் மர்மங்களை அனைவரும் எளிதில் அறிந்து கொள்ள இயல்கிறது.

இந்தப் புத்தகத்தின் கதாநாயகன் அபிநவ், எவரும் புரிந்துகொள்ளும் வகையில் சிக்கலான விஷயங்களை எப்படி உடைக்கிறார் என்பது நேர்த்தியாக எழுதப்பட்டு இருக்கிறது. கதைப்படி அபி ஒரு மாணவனாக இருந்தாலும், குழந்தைகள் அவனிடம் கேட்கும் அனைத்து வகையான கேள்விகளுக்கும் அனைவரும் புரிந்து கொள்ளக்கூடிய வகையில் பதில் அளிக்கிறான். ஒவ்வொரு கேள்விக்கும் அது சம்பந்தமான அறிவியல் தகவல்கள் தெளிவாக விளக்குகிறான். இதை அவன் செய்யும் விதம் புத்தகத்தின் சுவாரசியத்தைக் கூட்டுகிறது. மேலும் புத்தகத்தைக் கடைசி வரை படிக்க வைக்கிறது. குழந்தைகளுக்கு மட்டுமின்றி, இந்தக் குறிப்பிட்ட விஷயத்தைப் பற்றி அதிகம் அறிந்திருக்காத பெரியவர்களுக்கும் கூடப் புரியும் வகையில் எளிமையான கேள்விகளுக்கு அவன் எப்படிப் பதிலளிக்கிறான் என்பதுதான் இந்தப் புத்தகத்தில் மிகவும் அருமையான விஷயம்.

'மைக்ரோபயோட்டா' (Microbiota') என்பது பாக்டீரியா மற்றும் வைரஸ்கள் போன்ற அனைத்து சிறிய உயிரினங்களையும் குறிக்கிறது. இது நம் உடலில் மற்றும் குடலில் உள்ளே வாழும். இந்தச் சிறிய உயிரினங்கள் நமக்கு உதவலாம், நமக்குத் தீங்கு செய்யலாம் அல்லது எந்தப் பிரச்சனையும் இல்லாமல் நம்முடன் சேர்ந்து வாழலாம். 'மைக்ரோபயோம்' (Microbiome) என்பது இந்தச் சிறிய உயிரினங்களின் அனைத்து மரபணுக்களையும் அல்லது மரபணு பொருட்களையும் குறிக்கும் மற்றொரு சொல்.

விஞ்ஞானிகள் பொதுவாக 'மைக்ரோபயோட்டா'வை விட 'மைக்ரோபயோம்' பற்றி அடிக்கடி பேசுகிறார்கள். ஏனெனில் இந்தச் சிறிய உயிரினங்களைப் பற்றி நமக்குத் தெரிந்தவை அவற்றின் மரபணுக்களைப் படிப்பதன் மூலம் வருகின்றன. இதைக் கற்பனை செய்வது கடினம். ஆனால் நம் உடலில் இந்த நுண்ணிய உயிரிகள் பெரிய எண்ணிக்கையில் உள்ளன. அதாவது 10 முதல் 100 டிரில்லியன் வரை! (ஒரு ட்ரில்லியன் என்பது ஒரு லட்சம் கோடி). இந்தச் சிறிய உயிரினங்களின் மிகப்பெரிய மற்றும் மிகவும் மாறுபட்ட வகைகள் நம் குடலில் வாழ்கிறது. இத்தகைய சிக்கலான விஷயங்களைப் புத்தகத்தின் "கதாநாயகன் அபி" எளிமையான எடுத்துக்காட்டுகள் மட்டும் சொற்களின் மூலம் விளக்குவது புத்தகத்தின் சிறப்பு.

நம்மைச் சுற்றிலும் வாழும் சிறிய உயிரினங்கள் அல்லது நுண்ணுயிரிகள் நம் வாழ்வின் பல பகுதிகளில் ஈடுபட்டுள்ளன. இங்கே சில உதாரணங்கள்:

1. தயிர் மற்றும் பாலாடைக்கட்டி தயாரித்தல்: பாலை தயிர் மற்றும் பாலாடைக்கட்டியாக மாற்றுவதில் நுண்ணுயிரிகள் பெரும் பங்கு வகிக்கின்றன.

2. செரிமானம்: அவை நம் குடலில் நாம் உண்ணும் உணவை உடைக்க உதவுகின்றன.

3. அதீத சூழ்நிலைகள்: மற்ற உயிரினங்கள் வாழ முடியாத அதீத சூழ்நிலைகளில் வாழ்வதோடு மட்டுமல்லாமல் சூழ்நிலையைச் சமநிலையில் வைப்பதற்கு நுண்ணுயிரிகள் உதவுகின்றன.

4. உயிரி எரிபொருள்: நுண்ணுயிரிகள் கரிமக் கழிவுகள் மற்றும் சிக்கலான கரிம சேர்மங்களிலிருந்து உயிரி எரிபொருட்களை உருவாக்க உதவுகின்றன.

5. விவசாயம்: உணவுக்குத் தேவையான தாவரங்களை வளர்ப்பதில் நுண்ணுயிரிகள் பங்கு அளப்பரியது.

6. ரொட்டி மற்றும் இட்லி தயாரித்தல்: நொதித்தல் செயல்முறைக்கு உதவுவதோடு மட்டுமல்லாமல் சுவையையும் கொடுக்கின்றன.

7. கழிவு மறுசுழற்சி: கழிவுகளைப் பயனுள்ள பொருளாக மாற்ற நுண்ணுயிரிகள் உதவும்.

8. எண்ணெய் கசிவை சுத்தம் செய்தல்: சில நுண்ணுயிரிகள் எண்ணெயை உணவாக உண்டு வாழ முடியும். இவற்றைக் கொண்டு கசிவை சுத்தம் செய்ய உதவும்.

9. உற்பத்தி: உயிரி உற்பத்தி தொழிற்சாலையில் நுண்ணுயிரிகளின் பங்கும் உண்டு.

எனவே, நுண்ணுயிரிகள் பல வழிகளில் மிகவும் முக்கியமானவை. மேலும் "எல்லா இடங்களிலும்" வியாபித்துள்ளன.

நமது குடலில் வாழும் நுண்ணுயிரிகள் நமது ஆரோக்கியத்தை எவ்வாறு பாதிக்கின்றன என்ற ஆராய்ச்சியில் விஞ்ஞானிகள் அதிக ஆர்வம் காட்டுகின்றனர். குறிப்பாக இந்தக் குடல் நுண்ணுயிரிகளை

மாற்றுவது சில உடல்நலப் பிரச்சினைகளுக்கு எவ்வாறு சிகிச்சையளிக்க உதவும் என்பதில் விஞ்ஞானிகள் ஆர்வமாக உள்ளோம். இதைச் செய்வதற்கான ஒரு வழி, ஒருவரின் வயிற்றில் புதிதாக நுண்ணுயிர்களைக் கொண்டு வந்து சேர்ப்பது FMT (*fecal microbiota transplantation*) என்று அழைக்கப்படுகிறது.

மருத்துவர்கள் ஆரோக்கியமான ஒருவரின் குடலில் இருக்கும் நுண்ணுயிரியை மற்றொருவரின் குடலில் வைக்கும் போது இது நடக்கும். நோயுற்ற நபரின் குடலில் உள்ள சிறிய நுண்ணுயிர்களின் கலவையை அவர்களின் ஆரோக்கியத்தை மேம்படுத்தும் வகையில் மாற்ற உதவுவதே இந்தத் தொழில்நுட்பம்.

இது விசித்திரமாகத் தோன்றலாம், ஆனால் இது க்ளோஸ்ட்ரிடியம் டிஃபிசில் (*Clostridium difficile*) போன்ற கடுமையான தொற்றுக்குச் சிகிச்சையளிப்பதில் வெற்றிகரமாக உள்ளது. சில குடல் நோய்கள், உடல் பருமன், வளர்சிதை மாற்ற நோய்க்குறி (இதய நோய், பக்கவாதம் மற்றும் டைப் 2 நீரிழிவு அபாயத்தை அதிகரிக்கும் நிலைமைகளின் வகைகள்) போன்ற பிற பிரச்சனைகளுக்கும் இந்த நுண்ணுயிரி மாற்றுச் சிகிச்சை உதவும் என்பதற்கான சில ஆரம்ப அறிகுறிகள் கண்டறியப்பட்டுள்ளன. நுண்ணுயிரிகளுடன் சகவாழ்வு முறையில் எப்படி மனிதன் உட்பட மற்ற உயிரினங்கள் வாழ்கின்றன என்பதைப் புரிந்து கொண்டவுடன் இந்தச் சிக்கலான மருத்துவ நடைமுறைகளைப் புரிந்து கொள்வது அவர்களுக்கு எளிதாகும்.

புத்தகத்தில் குறிப்பிட்டபடி, குழந்தைகளின் கேள்விகளுக்கு அபியின் பதில்கள் ஒரு நாள் நுண்ணுயிரிகள் குறித்து நம் அனைவரின் அறிவுக்கண்ணைத் திறக்கலாம். நுண்ணுயிரிகளின் நன்மைகளைப் பாராட்டவும், இந்த நுண்ணுயிர்கள் உண்மையிலேயே எல்லா இடங்களிலும் இருப்பதைப் புரிந்துகொள்ளவும் இந்த விளக்கங்கள் உதவும். நம் முன்னோர்கள் முன்பு கூறிய பல கதைகளுக்கு இன்று அறிவியல் பூர்வமாக நாம் விடை கண்டறிந்து உள்ளோம்.

அவை ஏன் நடந்தது? எப்படி நடந்தது? என்ற பதில் தெரியாது இருந்த காலத்தில் பழங்கதைகளை நம்ப வேண்டியிருந்தது. ஆனால் இன்று அறிவியல் ஒவ்வொன்றிற்கும் சரியான விடையை நமக்கு அளிக்கிறது. எந்தவிதமான படிப்பு படிக்கும் பள்ளி குழந்தைகளும் மற்றும் சாமானிய மக்களும் முக்கியமாக பெண்கள்

இந்த நூலை படிக்க வேண்டும் என்ற கோரிக்கையை முன் வைக்கிறேன்.

சசிக்குமாரின் இந்தப் புத்தகம் உண்மையிலேயே பாராட்டத்தக்கது. எங்கள் ஆறு மாத விவாதங்கள் புத்தகமாக மாறியிருப்பது உண்மையிலேயே ஆச்சரியமாக இருக்கிறது. நுண்ணுயிர் உலகின் சிக்கல்களைப் புரிந்து கொண்டு இப்படி ஒரு புத்தகம் எழுதுவதற்கு அவர் செய்த ஆராய்ச்சிகள், வாசிப்புகள், மற்றும் துறை சார்ந்த வல்லுனர்களுடன் மேற்கொண்ட விவாதங்கள் எனப் பலவற்றைப் புத்தகத்தின் ஒவ்வொரு பக்கங்களிலும் காண முடிகிறது.

நவம்பர் 2022 இல் சென்னை ஐஐடி இல் நான் ஏற்பாடு செய்திருந்த நுண்ணுயிரி குறித்த மாநாட்டில் கலந்து கொண்டது இந்தப் புத்தகத்திற்கு உதவியாக இருந்திருக்கும் என்று நம்புகிறேன். பலரது நுண்ணுயிரி குறித்த ஆராய்ச்சிகளையும், எனது நண்பர்கள் மற்றும் சக ஊழியர்களைச் சந்திக்கும் வாய்ப்பையும் அது வழங்கி இருக்கும் என்று நம்புகிறேன்.

புத்தகத்தில் தொகுக்கப்பட்டுள்ள விரிவான புள்ளி விவரங்கள் மற்றும் அதை விளக்கும் நுண்ணறிவு ஆகியவற்றிற்குக் கணிசமான நேரமும் புரிதலும் தேவைப்பட்டிருக்கும் என்பது திண்ணம். பலகாலமாக இந்தத் துறையில் பணி செய்து கொண்டிருக்கும் என்னைப் போன்ற விஞ்ஞானிகளுக்கும் இந்தப் புத்தகத்தில் சில புதிய தகவல்கள் இருக்கிறது என்பது உண்மையிலேயே என்னை ஆச்சரியமடைய வைத்தது. உங்கள் அர்ப்பணிப்புக்கு எனது நன்றியை உரித்தாக்குகிறேன். மேலும் அறிவியலை எளிமையாக விளக்கி சாமானியர்களுக்குக் கொண்டு செல்லும் தனித்துவமான வேலையைத் தொடருங்கள். உங்கள் திறமை அளப்பரியது.

முனைவர் கஸ்தூரி வெங்கடேஸ்வரன்

மூத்த ஆராய்ச்சி விஞ்ஞானி,

நுண்ணுயிரியலாளர்; நாசா– ஜெட் ப்ராபல்ஷன் லேப்.,

பசடேனா, கலிபோர்னியா 91109, அமெரிக்கா

Senior Research Scientist, Microbiologist

NASA – Jet Propulsion Lab.,

Pasadena, California 91109, USA

ஏன் இந்தப் புத்தகம்?

நான் பணிபுரியும் துறை சார்ந்த அறிவியல் புத்தகங்களை எழுதத் தொடங்கிப் பின்னர் அறிவியல் பால் கொண்ட ஆர்வத்தால் பல துறைகளைக் குறித்து எளிய அறிவியல் தமிழில் எழுத ஆரம்பித்தேன். அப்படி எழுதிக் கொண்டிருக்கும்போது அரியதொரு வாய்ப்பாக உலகின் முன்னணி விண்வெளி ஆய்வு நிறுவனமாக இருக்கும் நாசாவில் முதுநிலை விஞ்ஞானியாகப் பணிபுரியும் கஸ்தூரி வெங்கடேஸ்வரன் அவர்களின் சுயசரிதையை எழுதும் வாய்ப்புக் கிடைக்கப்பெற்றேன். ஏன் உங்கள் சுயசரிதையை தமிழில் எழுத வேண்டும் எனத் தொடங்கி எண்ணற்ற கேள்விகளை அவருடைய புத்தகத்திற்காகக் கேட்க ஆரம்பித்தேன்.

“அதல பாதாளம் முதல் ஆகாயம் வரை” என்ற அவரது சுயசரிதையின் ஒரு பகுதி ஓர் அறிவியல் புத்தகமாக மாறியது. அதில் அவர் நுண்ணுயிரிகள் குறித்த ஆராய்ச்சிகளை விளக்கி இருப்பார். அவர் என்ன கூறுகிறார்? அவர் ஆராய்ச்சிகள் என்ன? என்பதை உள்வாங்குவதற்காக நுண்ணுயிரி என்றால் என்ன? அவை எப்படி மனித குலத்திற்கு மட்டுமல்லாமல் புவியில் இருக்கும் ஒவ்வொரு உயிரினத்திற்கும் உதவுகின்றன என்பதைப் படிக்க ஆரம்பித்தேன். படிக்கப் படிக்க அதைப் பற்றிய செய்திகள் எனக்கு ஆச்சரியத்தை உருவாக்கியது.

நான் தான் பெரியவன், என்னிடம் நிறையப் பணம் இருக்கிறது புகழ் இருக்கிறது என்று நம்மில் பலர் நினைத்துக் கொண்டிருக்கிறோம். மனித சமுதாயத்திற்கு ஒரு சின்னஞ் சிறிய கண்ணுக்கு தென்படாத ஒரு நண்பன் உதவி செய்து கொண்டிருக்கிறான். இந்தச் செய்தி எனக்கு மட்டும் தெரிந்திருந்தால் போதுமா? உங்களுக்கும் தெரியப்படுத்த வேண்டாமா? அதற்காகத்தான் இந்தப் புத்தகம். ஒரு துறை சாராத அறிவியல் எழுத்தாளர் என்ற முறையில் எனக்குக் கிடைத்த இந்தத் துறை ஞானத்தை வழக்கம்போல் வெகுஜன மக்களுக்கும் குழந்தைகளுக்கும் கொண்டு செல்வதற்காகவே இந்தப் புத்தகம்.

நுண்ணுயிரியை பற்றிப் படிக்க ஆரம்பித்த உடன் எண்ணற்ற கேள்விகள் மனதில் எழுந்தன. அவை அனைத்தையும் நோட்டுப்

புத்தகத்தில் எழுதி வைக்க ஆரம்பித்தேன். ஒரு கட்டத்தில் இதைப் பற்றித் தெரிந்து கொள்ள வேண்டும் என்று ஆவல் பல மடங்கு அதிகரித்து விட்டது. சுயசரிதையை எழுதுவது பற்றி விவாதம் செய்வதற்காகக் கஸ்தூரி வெங்கடேஸ்வரன் அவர்களுடன் உரையாடுவேன்.

ஒரு கட்டத்தில் உங்கள் சுயசரிதை இருக்கட்டும் இங்கே எனக்குச் சில கேள்விகள் என நுண்ணுயிரியை பற்றிச் சிறுபிள்ளைக்கு உரித்தான எண்ணற்ற ஐயங்களுடன் அவரிடம் கேள்விக்கணைகளைத் தொடுக்க ஆரம்பித்தேன். இது எனது சுயசரிதைக்குத் தேவையில்லை என்று கூறாமல் நான் எழுப்பிய ஒவ்வொரு கேள்விக்கும் ஒரு சிறந்த ஆசிரியர் பதில் கூறுவது போல் பொறுமையாக இந்தத் துறையைப் பற்றி மெல்ல மெல்ல விளக்க ஆரம்பித்தார்.

அப்படித் தொடங்கிய விவாதங்கள் ஒரு ஆரம்பப் புள்ளியாகத் தொடங்கி இன்று நான் இப்படி ஒரு புத்தகத்தை எழுதுவதற்கு உந்துகோலாக இருந்தது என்பது நிதர்சனம்.

பணம் இருந்தால் மட்டும் வாழ முடியாது, பணத்தைச் சாப்பிட முடியாது, உணவைத்தான் சாப்பிட வேண்டும் என்று தத்துவ விளக்கங்களைக் கூறிக் கொண்டிருக்கிறோம். உணவை மட்டும் சாப்பிட்டால் போதாது. நாம் சாப்பிடும் சாதம், சோறு, பழங்கள் போன்ற எண்ணற்ற உணவுப் பொருட்களை வயிற்றில் ஜீரணிக்க நமது நண்பன் நுண்ணுயிரியின் உதவி மிக மிக அவசியம் என்பது தான் நிதர்சன அறிவியல்.

பாக்டீரியாக்கள் வயிற்றில் அமர்ந்து தேவையான படையை உருவாக்கி அதன் மூலம் நாம் உண்ணும் உணவை மக்க செய்தால் தான் நமது உடலுக்கு சக்தி கிடைக்கும். எந்த ஒரு நல்ல மனிதருக்கும் ஒரு சில கெட்ட குணங்கள் இருப்பது இயற்கை நியதி. அது போல் நுண்ணுயிரி என்றால் நிறையப் பேர் அது ஒரு தொற்றுக் கிருமியை உருவாக்கக்கூடிய உயிர் என்று நினைத்துக் கொள்கிறார்கள். ஆனால் உண்மையில் மொத்தமுள்ள நுண்ணுயிரிகளில் ஒரு விழுக்காட்டுக்கும் குறைவான நுண்ணுயிரிகள் தான் தீங்கு விளைவிக்கின்றன. மற்ற அனைத்தும் நமக்கு உதவும் நண்பர்கள் தான்.

இந்த நண்பன் எப்படி நமக்கு உதவுகிறான் என்பதை எனது வழக்கமான அறிவியல் கதைக்கள பாணியில் இந்தப் புத்தகத்தில்

நீங்கள் தெரிந்து கொள்வீர்கள். கொரோனா கால விடுமுறையில் நடக்கும் உரையாடலில் இந்த அறிவியல் உண்மையைத் தெரிந்து கொள்வது போல் இந்தப் புத்தகம் வடிவமைக்கப்பட்டுள்ளது.

பெ.சசிக்குமார்

திருவனந்தபுரம்,

writersasibooks@gmail.com

30-06-2023

உள்ளே...

1. ஊரடங்கு உத்தரவும் கற்றலும் 15
2. நுண்ணுயிரியை எப்படிக் கண்டறிந்தார்கள் 22
3. உயிரிகளின் வகைகள் 29
4. உயிர் வாழ காற்று தேவையா? 38
5. நுண்ணுயிரி கிருமியா? 50
6. தூய்மை பணியாளர்கள் 63
7. மனிதனும் நுண்ணுயிரியும் 73
8. தாவரங்களும் நுண்ணுயிரிகளும் 83
9. உயிரி தொழில்நுட்பவியல் 93
10. உயிரி எரிபொருள் 102
11. நுண்ணுயிரி இல்லா வாழ்க்கை சாத்தியமா? 109
12. ஏன் நுண்ணுயிரியை தேட வேண்டும்? 115
13. வரும் காலங்களில் நுண்ணுயிரிகளின் உதவி 123

1

ஊரடங்கு உத்தரவும் கற்றலும்

படிப்பில் சுட்டி பையன் அபிநவ் எதையும் மாற்றி யோசிக்கும் சிந்தனை உடையவன். அவனுடைய பள்ளி தோழர்கள் பொறியியல் மருத்துவம் படிக்க வேண்டும் என்று சொல்லிக் கொண்டிருந்த காலத்திலேயே கண்ணுக்குத் தெரியாமல் வாழ்ந்து கொண்டிருக்கும் நுண்ணுயிரிகளைப் பற்றி ஆராய வேண்டும் என்று ஆவல் கொண்டவன். நினைத்தது போல் 2018 ஆம் ஆண்டுப் பள்ளி படிப்பை முடித்துச் சென்னையில் நுண்ணுயிரியல் துறையில் இளங்கலை பட்டம் பெறுவதற்காகச் சேர்ந்திருந்தான். ஒன்றரை ஆண்டுக் காலத்தில் அந்தத் துறையைப் பற்றி எண்ணற்ற தகவல்களைச் சேகரித்து வைத்திருந்தான்.

படிக்கப் படிக்க அந்தத் துறையின் மீது அவனுக்கு ஏற்பட்ட காதல் அதிகரித்துக் கொண்டே சென்றது. இரண்டாம் ஆண்டுக் கல்லூரி பாடங்கள் நடந்து கொண்டிருந்தபோது 2019 டிசம்பர் மாதத்தில் சீனாவில் வுஹான் (wuhan) மாநிலத்தில் ஒரு புது விதமான வைரஸ் மக்களைத் தாக்குவதாகவும் அதைக் கண்டறிந்த மருத்துவர் அந்த நோய்க்கு பலியானதையும் அறிய நேர்ந்தது.

ஜனவரி மாதத்தில் உலகச் சுகாதார மையம் கொரோனா என்ற பெருந்தொற்று நோய் மனித சமுதாயத்தைத் தாக்க இருக்கிறது அனைவரும் பத்திரமாக இருக்கவும் என்று அறிக்கை விடும் நிலை உருவாகியது. இந்தச் செய்திகளை எல்லாம் கேட்டுக்கொண்டு இரண்டாம் ஆண்டு இறுதித் தேர்வுக்குத் தயாராகிக் கொண்டிருந்தான் அபி. அந்த நேரத்தில் 2020 மார்ச் மாதம் மூன்றாம் வாரம் கிராமத்தில் இருக்கும் தனது அத்தையையும் மாமாவையும் சந்திக்கத் திட்டமிட்டான். மேலும் அங்கே நடக்கும் ஒரு குடும்ப நிகழ்ச்சியில் கலந்து கொள்ள அவர்கள் கிராமத்திற்குச் சென்றான்.

மார்ச் 21 ஆம் தேதி அவர்கள் கிராமத்தை அடைந்தான். இரண்டு நாட்கள் விடுப்பு எடுத்து வந்திருந்ததால் 24 ஆம் தேதி செவ்வாய்க்கிழமை மீண்டும் சென்னை புறப்படத் தயாராக இருந்தான். அப்பொழுது தான் கொரோனா ஊரடங்கு உத்தரவு

இந்தியாவில் அமல்படுத்தப்பட்டுள்ளது. 24ஆம் தேதி முதல் யாரும் வீட்டை விட்டு வெளியே வரக்கூடாது என்று இந்திய அரசாங்கம் ஆணை பிறப்பித்தது. வீட்டை விட்டு வெளியே வராமல் எப்படி இருப்பது என்று ஆச்சரியம் அளிக்கும் வகையில் அந்த அறிவிப்பு இருந்தது.

தொடர்வண்டி, பேருந்து ஆகியவை இன்று இரவு முதல் இயக்கப்படாது என்ற செய்தியை கேட்ட அபி மாமா “என்ன கூறுகிறார்கள் இது உண்மை தானா? எனது 50 வருட வாழ்க்கையில் தொடர்வண்டி இயக்காமல் நிறுத்தப்பட்டதாக எனக்கு ஞாபகமே இல்லையே. உண்மையில் எல்லாப் போக்குவரத்தும் நிறுத்தப்படுமா?” என்று தனது ஐயத்தை வெளிப்படுத்தினார். எனக்கும் ஆச்சரியமாகத் தான் இருக்கிறது. எனது நண்பர்களை அழைத்துப் பார்த்தேன். கல்லூரி நாளை முதல் விடுமுறை என்று கூறி விட்டார்கள். சென்னைக்குச் செல்லும் அனைத்து தொடர்வண்டிகளும் ரத்து செய்யப்பட்டுள்ளன.

பேருந்துகளும் இயக்கப்படாது என்று கூறிவிட்டனர். அவரவர்கள் எங்கே இருக்கிறோமோ அங்கே தான் இருக்க வேண்டும். அவசர தேவை என்றால் மட்டும்தான் வீட்டை விட்டு வெளியே செல்ல வேண்டும் என்று கட்டளை பிறப்பிக்கப்பட்டுள்ளது. “நாம் கிராமத்தில் இருக்கிறோம் இங்கே நமது தோட்டத்தில் கிடைக்கும் பொருட்களை வைத்து பசியாறிக் கொள்ளலாம். ஆனால் நகரத்தில் வாழும் மக்கள் என்ன செய்வார்கள்” என்றார் மாமா.

உணவு பொருள் தேவைக்கு மட்டும் தான் மக்கள் வெளியே செல்ல வேண்டும். அதுவும் காய்கறிகள் மளிகை பொருட்கள் விற்கும் கடைகள் தினமும் சில மணி நேரங்கள் மட்டுமே திறந்து இருக்க வேண்டும். பொழுதுபோக்கு அம்சங்களான திரையரங்கம், விளையாட்டுத் தளங்கள், மற்றும் நூலகம் போன்றவை திறக்கப்படாது என்று அரசாங்கம் அறிவித்துள்ளது என்றான். இதைக் கேட்டுக் கொண்டிருந்த அவனது அத்தைக்கும் மாமாவுக்கும் அது ஆச்சரியமாக இருந்தது. இப்படியும் செய்ய முடியுமா? என்று நினைத்துக் கொண்டனர். நடப்பது நடக்கட்டும் என்று இரவு உணவை சாப்பிட்டுவிட்டு அனைவரும் உறங்கினர்.

அது கிராமம் என்பதால், கிராமத்தில் இருந்த 50 வீடுகளில் இருந்த அனைவருக்கும் மாமாவை நன்றாகத் தெரியும். யார் யாருடைய பையன், என்ன வேலை செய்கிறான், பேரன் பேத்திகள்

எங்கே இருக்கிறார்கள் என்று ஊரில் உள்ள அனைவரும் நன்கு தெரிந்து வைத்திருந்தனர். பள்ளியில் படிக்கும் குழந்தைகளுடன் அபியின் பொழுதுபோக்கு விளையாட்டுக்கள் தொடர ஆரம்பித்தன.

பல்லாங்குழி என்ற விளையாட்டைப் பற்றி அபி கேட்டு இருந்தாலும், ஆறாம் வகுப்பு படிக்கும் பக்கத்து வீட்டு சிறுமியை அவனால் வெல்ல முடியவில்லை. இப்படி ஓரிரு தினங்கள் விளையாட்டு என்று சென்று கொண்டிருந்தபோது கல்லூரியில் இருந்து செய்தி வந்தது. உடனடியாகக் கல்லூரி திறப்பதற்கான வாய்ப்பு இல்லை. எனவே கல்லூரி பாடங்கள் காணொளி காட்சியாக நடத்தப்படும். அனைவரும் தங்கள் வீட்டில் உள்ள கணிப்பொறி அல்லது கைபேசி மூலமாக வகுப்பில் கலந்து கொள்ள வேண்டும். தினமும் இரண்டு மணி நேரம் மட்டும் தான் பாடம் நடைபெறும் என்று கூறினார்கள். அந்தக் கிராமத்தில் அரசாங்க பள்ளி மட்டும் இருந்ததால் அரசாங்க பள்ளி மாணவர்களுக்கு இது போன்ற வசதிகள் அப்பொழுது இல்லை.

நாட்கள் நகர்ந்து கொண்டிருந்தன. 21 நாட்கள் இந்தியா முழுவதும் முழு ஊரடங்கு உத்தரவாக நகர்ந்து முடிந்தது. பள்ளி மாணவ மாணவிகள் அனைவரும் தேர்வில் வெற்றிப் பெற்றதாக அறிவிக்கப்பட்டது. அடுத்த ஆண்டுப் பள்ளி திறப்பதை பற்றிப் பின்னர் அறிவிக்கப்படும் என்ற செய்தியும் வந்தது. அதே நேரத்தில் அபிக்கு காணொளி வாயிலாக வகுப்புகள் நடைபெற்றுக் கொண்டிருந்தன. அவனுக்கும் கணிப்பொறி வழியாக நடைபெற்ற தேர்வு மூலம் தேர்ச்சி அடைந்ததாக மே மாதத்தில் செய்தி வந்தது.

இப்படிக் கிராமத்தில் சந்தோஷமாகப் பொழுதை கழித்துக் கொண்டிருந்த அபி என்ன படிக்கிறான் என்று அந்தக் கிராமத்துச் சிறுவர்கள் கேள்வி கேட்க தொடங்கினர். அண்ணா நீங்கள் என்ன பாடம் படிக்கிறீர்கள்? எனது மாமா பொறியியல் படிக்கிறார். அவர் கட்டடங்கள் கட்டுவேன் என்று கூறினார். அதைப்போல எனது அக்கா ஒருவர் மருத்துவர் ஆவதற்குப் படித்துக் கொண்டிருக்கிறார். அவர் உடல்நிலை சரியில்லை என்றால் அவர்களைக் காப்பார். நீ படிக்கும் பாடம் என்ன? உன் மாமாவிற்கு அதைப் பற்றி ஒன்றும் புரியவில்லையே. உன்னிடமே கேட்கலாம் என்று இருந்தேன் அதைக் கொஞ்சம் விளக்குகிறாயா என்றான்.

நான் படிப்பது நுண்ணுயிர் என்ற பாடப்பிரிவு.

"உயிர் தெரியும் அது என்ன நுண்ணுயிர்", என்றாள் ஒரு சுட்டி பெண்.

"உயிர் என்றால் என்ன கூறுங்கள் பார்க்கலாம்" என்றான் அபி. "உயிருள்ள பொருட்களை நாம் உயிர் என்கிறோம். மனிதன், விலங்குகள் ஆகியவை உயிர்கள் தான். அவை நடக்கும், ஓடும் ஒரு குறிப்பிட்ட காலம் மட்டும் தான் உயிரோடு வாழும்", என்றான் ஒரு சிறுவன். "அது மட்டும் இல்லை அவை தனது இனத்தை இனப்பெருக்கம் செய்யும். கடந்த மாதம் இந்த மாடு குட்டி போட்டது அல்லவா. இந்த மாடு இறந்தாலும் இந்த மாட்டின் இனம் இந்தக் குட்டி மூலம் உயிரோடு இருக்கும். அந்தக் குட்டி மேலும் குட்டி போடும்" என்றான் மற்றொரு சிறுவன்.

"அப்படி என்றால் அங்கே தெரியும் மாமரம், வாழை மரம் போன்றவற்றிற்கு உயிர் இல்லையா? அவையும் தானே பழங்கள் தந்து விட்டு விதை அல்லது அதன் உடல் பாகத்தை வைத்து அடுத்த சந்ததியை உருவாக்க உதவுகிறது" என்று அவர்கள் பதிலுக்கு ஒரு கேள்வியைக் கேட்டான் அபி.

யோசித்துப் பார்த்தால் நீங்கள் கூறுவதும் சரியாகத்தான் இருக்கிறது. அவையும் தனது இனத்தை இனப்பெருக்கம் செய்கின்றன. நமது உடலில் ரத்தம் பாய்வது போல் அவற்றின் உடலில் தண்ணீர் பாய்ந்து தேவையான சத்துக்களைக் கொடுக்கிறது.

பலமுறை மாமா செடிகளுக்குத் தண்ணீர் விடும் போது அவற்றைத் தனது குழந்தைகள் போல் பார்க்கிறார் என்றனர் குழந்தைகள்.

தாவரங்கள் விலங்குகள் அனைத்தும் உயிர் என்ற பிரிவில் வருகின்றன. அப்படியே நடந்து கொண்டே ஒவ்வொரு பொருளாகத் தொட்டு இது உயிரா? இல்லையா? என்று கூறுங்கள் என்று கேட்டான் அபி. அருகில் நின்ற ஒரு சைக்கிளை தொட்டான் அது உயிர் இல்லை. "அது ஒரு பொருள்" என்றான் ஒரு சிறுவன். தென்னை மரத்தை தொட்டான், "மரங்கள் உயிர் தானே அதில் என்ன சந்தேகம்" என்றாள் மற்றொரு சிறுமி.

மனிதனால் உருவாக்கப்பட்ட பொருட்களும் புவியியல் உருவாகியுள்ள கல், மண் போன்ற பொருட்களையும், இரும்பு, தங்கம் போன்ற தனிமங்களையும் உயிர் இல்லாத பொருளாக நாம்

கூறுகிறோம். ஆனால் புவியில் உள்ள ஒரு குறிப்பிட்ட சூழ்நிலையில் வாழக்கூடிய தகுதி உள்ளவை, அந்தத் தட்பவெட்ப நிலையில் வாழ்ந்து தனது சந்ததியை மீண்டும் உருவாக்கி அதன் இனத்தை நிலை நிறுத்துபவற்றை நாம் உயிர் என்று வரையறுக்கலாம்.

பல்லாயிரம் ஆண்டுகளுக்கு முன்பாகத் தென்னை மரம் இருந்ததாக அறிகிறோம். இன்றும் தென்னை மரங்கள் இருக்கின்றன. நமது வீட்டில் இருக்கும் தென்னை மரம் அடுத்த ஐம்பது ஆண்டுகளில் வயதாகிவிட்டது என்று வெட்டி விட்டாலும் அதன் தேங்காயிலிருந்து உருவாகிய மரங்கள் வேறு எங்காவது இருக்கும் அல்லவா. அவை அனைத்தையும் நாம் உயிர் என்ற வரையறையில் கூறுகிறோம். அப்படி என்றால் மனிதன் உட்பட விலங்குகளும் தாவரங்களும் உயிர் என்று கூறுகிறீர்கள் சரிதானே என்றான் ஒருவன். மிகவும் சரிதான்.

“நீங்கள் ஏதோ நுண்ணுயிர் பற்றிப் படிக்கிறீர்கள் என்றீர்களே. அந்த உயிர் எங்கிருந்து வந்தது”, என்று மண்ணில் பொம்மை செய்து கொண்டே கேட்டான் ஒரு சிறுவன். உனது கையைத் தட்டி எழுந்திரு. உன் கையில் இப்பொழுது என்ன இருக்கிறது என்று கேட்டான். எனது கையில் மண் ஒட்டிக் கொண்டிருக்கிறது. சரி நன்றாகத் தட்டி மண் இல்லாமல் செய்து கொள். முழுவதும் நன்றாகத் தட்டி கையில் இருந்த எல்லா மண்ணும் கீழே விழுந்து விட்டன.

இப்பொழுது உன் கையில் என்ன இருக்கிறது?

“இப்பொழுது என் கையில் ஒன்றும் இல்லை. என் விரல்கள் தானே இருக்கிறது. உங்கள் கண்ணுக்கு தெரியவில்லையா?” என்றான்.

கண்ணுக்குத் தெரியாத இந்தப் புவியில் வாழும் கோடான கோடி உயிர்களைத் தான் நாம் நுண்ணுயிர் என்கிறோம். உன் கையில் அந்த நுண்ணுயிரிகள் ஒட்டிக் கொண்டிருக்கின்றன. அது உன் கண்ணுக்குத் தெரியாது அதுவும் ஒரு உயிர் தான்.

“என்ன ஆச்சரியம் அவன் கையில் எப்படி நீங்கள் படிக்கும் நுண்ணுயிர் வந்தது எங்கள் கூடத் தானே பள்ளிக்கு வருகிறான். அவன் வீட்டில் ஏதாவது வித்தியாசமாக வைத்திருக்கிறானா? ஏன் எங்கள் வீட்டுக்கு நுண்ணுயிர் வரவில்லை” என்றாள் இதைக் கேட்டவுடன் மற்றொரு சிறுமி.

கவலைப்படாதே, அவன் கையில் மட்டுமல்ல உன் கையிலும் தான் அவை இருக்கின்றன.

"என்ன என் கையிலும் இருக்கிறதா?" என்று ஆச்சரியப்பட்டாள் அந்தச் சிறுமி. உன் கையில் இருக்கிறது உன் உடையில் இருக்கிறது. அங்கே நிற்கும் மிதிவண்டியின் மேல் பாகத்தில் இருக்கிறது. இந்தக் காற்றிலும் கலந்துள்ளது. அங்கே இருக்கும் தூணிலும் இருக்கிறது. நமது உடலிலும் இருக்கிறது. என்று அவன் கூறிக் கொண்டிருந்தது அனைத்து குழந்தைகளையும் ஆச்சரியப்படுத்தியது.

அது சரி மிகச் சிறியது மிகச் சிறியது என்கிறீர்களே எந்த அளவு சிறியது நமது உடலில் முடி தானே மிகவும் சிறிய பாகம் அதைவிடச் சிறியதா?

என்று கேட்ட சிறுவனிடம் உனது உயரம் எவ்வளவு என்றான் அபி? 134 செண்டிமீட்டர் என்றான். ஈரோட்டில் இருந்து சென்னை நகரம் எவ்வளவு தூரம். "சென்னை 400 கிலோமீட்டர் இருக்குமே" என்றான் மற்றொரு சிறுவன். ஏன் அதைச் செண்டிமீட்டரில் கூறாமல் கிலோ மீட்டரில் கூறுகிறாய். ஒரு மீட்டருக்கு 100 செண்டிமீட்டர், ஒரு கிலோ மீட்டருக்கு ஆயிரம் மீட்டர் அப்படி என்றால் ஒரு கிலோ மீட்டருக்கு ஒரு லட்சம் செண்டிமீட்டர். நான் செண்டி மீட்டரில் கூறினால் அதை 400 லட்சம் செண்டிமீட்டர் என்றல்லவா கூற வேண்டும்.

அதற்குப் பதிலாகப் பெரிய அளவில் எளிதாகக் கூறி விடலாமே. இப்படிப் பொருட்களின் அளவு, அதனுடைய நீளமோ, எடையோ பெரிதாகும் போது நாம் அதை வழக்கமாகப் பயன்படுத்தும் அலகை விடப் பெரிய ஒரு அலகில் வரையறை செய்கிறோம். அது போல் பொருட்கள் சிறிதாக மாறினாலும் அவற்றை வரையறை செய்ய முடியும்.

எப்படி ஒரு மீட்டரில் ஆயிரம் மில்லி மீட்டர்கள் இருக்கின்றனவோ. அதேபோல் ஒரு மில்லி மீட்டரில் ஆயிரம் மைக்ரோ மீட்டர்கள் இருக்கின்றன. அதாவது 10 லட்சம் மைக்ரோ மீட்டர் சேர்ந்தால்தான் ஒரு மீட்டர் புரிகிறதா?.

அதாவது எனது உயரத்தை 134 செண்டிமீட்டர் எனவும் கூறலாம், அல்லது 1340 மில்லி மீட்டர் எனவும் கூறலாம், அல்லது 13 லட்சத்து 40 ஆயிரம் மைக்ரோ மீட்டர் என்றும் கூறலாம்

அப்படித்தானே என்றான். மிகச் சரி. இந்த மைக்ரோ மீட்டர் அளவில் தான் நமது முடி உள்ளது. நமது முடியின் அளவை அளந்து பார்த்தால் அது 60 இலிருந்து 90 மைக்ரோ மீட்டர் தான் இருக்கும். அவ்வளவு சிறியது. அப்படி என்றால் எனது கையில் இருந்த நுண்ணுயிர் இந்த அளவு தான் இருக்குமா? இல்லை அதைவிடச் சிறியதாக இருக்கும். ஒரு மைக்ரானில் தொடங்கி 10 மைக்ரான் வரை இந்த நுண்ணுயிரிகள் இருக்கும். அந்த நுண்ணுயிரிகளைப் பற்றிய ஆராய்ச்சிகளுக்குத் தேவைப்படும் பாடங்களைத் தான் நான் படிக்கிறேன் என்று அபி கூறினான்.

யார் வீட்டில் ஆவது பெரிது படுத்தும் கண்ணாடி இருக்கிறதா? என்று கேட்டான் அபி. விளையாடுவதற்காக நாங்கள் வைத்துள்ளோம் என்றனர். சரி இன்று நேரம் அதிகமாகி விட்டது அனைவரும் வீட்டுக்குச் சென்று உறங்குங்கள் நாளை உங்கள் வீட்டில் உள்ள பெரிதுபடுத்தும் கண்ணாடியை கொண்டு வாருங்கள் நாளை நமது விளையாட்டுகளைத் தொடருவோம் என்றான் அபி.

திரும்ப வீட்டிற்குச் செல்லும் பொழுது பக்கத்து வீட்டுப் பையன்கள் இப்படிப் பேசிக்கொண்டே சென்றனர். மாடு வளர்த்தால் பால் கிடைக்கும். மாட்டைப் பற்றிப் படித்தால் உடம்பு சரியில்லாமல் எப்படிப் போகிறது என்று தெரிந்து கொண்டு பணம் சம்பாதிக்கலாம். கார் ஏன் பழுதாகிறது என்ற பாடத்தைப் படித்தால் பழுது நீக்கி பணம் சம்பாதிக்க முடியும். நமது கண்ணுக்கே தெரியாத உயிரையே பற்றிப் படிக்கிறேன் என்று இந்த அண்ணா கூறுகிறார்களே உண்மையில் அப்படி ஒன்று இருக்கிறதா?

சின்னப் பையன்கள் நமக்குத் தெரியவா போகிறது என்று கதை சொல்கிறார்களா? என்று பேசிக் கொண்டே சென்றனர். அப்படி உண்மையில் அந்த உயிர் கைகளிலும் மற்ற இடங்களிலும் ஒட்டிக் கொண்டு இருந்தாலும் கண்ணுக்கே தெரியாத அதைப் படித்து என்ன பயன் இருக்கப் போகிறது. ஒன்றுமே புரியவில்லையே. இதைப் பற்றித் தெளிவாக நாளை கேட்டு தெரிந்து கொள்ள வேண்டும் என்று முடிவு செய்து இருவரும் பயணத்தைத் தொடர்ந்தனர்.

2

நுண்ணுயிரியை எப்படிக் கண்டறிந்தார்கள்

அடுத்த நாள் காலை தங்களிடம் உள்ள பெரிதுபடுத்தும் கண்ணாடியை ஒரு சிறுவனும் மற்றொரு சிறுமியும் கொண்டு வந்து அபியிடம் கொடுத்தனர். வெறும் கண்களால் படிப்பதற்குச் சிரமமாக இருக்கும் மிகச் சிறிய அளவில் உள்ள எழுத்துகளை அந்தப் பூதக்கண்ணாடி கொண்டு மிக எளிதாக எப்படி வாசிப்பது என்று அவன் கற்றுக் கொடுத்தான். அதில் பொருட்கள் ஐந்திலிருந்து பத்து மடங்கு வரை பெரிது படுத்தப்படுகின்றன. அதனால் கண்களால் காண முடியாத இந்தச் சிறிய எழுத்துக்களைப் பூதக்கண்ணாடி வைத்து எளிதாகப் படிக்க முடிகிறது.

அவர்கள் தோட்டத்தில் இருந்து பீர்க்கங்காய் செடியின் இலையைக் கொண்டு வருமாறு கூறினான். இந்த இலையின் நடுப்பகுதியில் செல்லும் நரம்பு எப்படி எல்லாப் பகுதிகளுக்கும் செல்கிறது என்பதை உங்களால் காண முடிகிறதா? வெறும் கண்களால் பார்த்து அவர்களால் அதை உணர முடியவில்லை. பூதக்கண்ணாடி வைத்து பார்த்த பொழுது சற்று ஆச்சரியமாக இருந்தது. இரண்டு பூதக்கண்ணாடிகளை ஒன்றின் மீது ஒன்று வைத்த போது மேலும் இலையில் உள்ள நரம்பு பெரிதாவதை பார்த்து ஆச்சரியமடைந்தனர்.

என்னிடம் இருக்கும் கைபேசியில் எட்டு மடங்கு வரை பெரிது படுத்தக்கூடிய வசதி இருக்கிறது என்பதைக் குழந்தைகளுக்குக் காண்பித்தான் அபி. அந்த இலையை 8 மடங்கு பெரிதுபடுத்தி ஒரு புகைப்படம் எடுத்து அதைக் கணிப்பொறியில் காட்டினான். என்ன ஆச்சரியம் பூதக்கண்ணாடி வழியாகப் பார்த்த பொழுது இலையின் நரம்புகள் எப்படிச் சென்றதோ அதை அப்படியே தெளிவாகக் கணிப்பொறி திரையில் குழந்தைகள் அனைவரும் பார்த்துக் குதூகலம் அடைந்தனர்.

தோட்டத்திலிருந்து பீர்க்கங்காய் இலையின் உருவத்தை அபி தனது கைபேசியில் எட்டு மடங்கு பெரிதுபடுத்தி பார்த்தபோது கிடைத்த உருவம் கண்ணில் பார்த்த பச்சை பசேல் என்ற

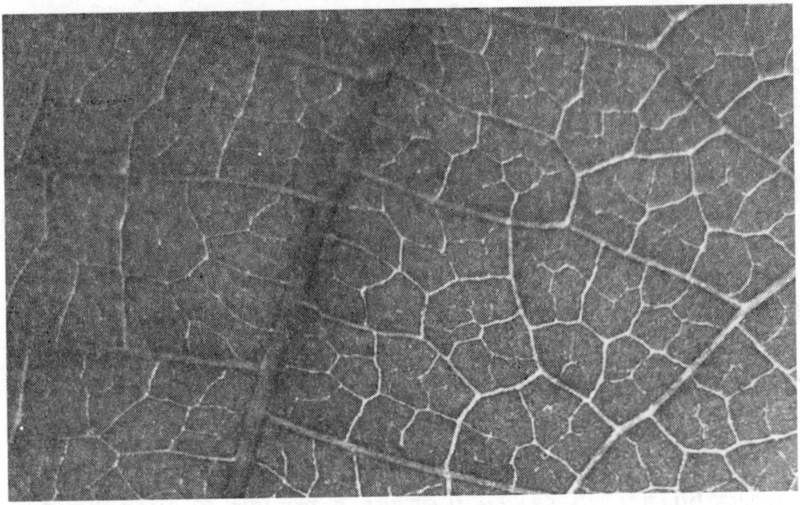

தோட்டத்திலிருந்து பீர்க்கங்காய் இலையின் உருவத்தை அபி தனது கைபேசியில் எட்டு மடங்கு பெரிதுபடுத்தி பார்த்தபோது கிடைத்த உருவம்

இலைக்குப் பதிலாகக் கோடுகளால் பிரிக்கப்பட்ட நுண்ணிய அதன் அமைப்பை கண்டு இப்படித்தான் இலையில் நரம்பு மண்டலம் வேலை செய்கிறதா என்று வியப்புக்கு உள்ளானார்கள்.

அடடா நேற்று இந்த அண்ணன் பொய் சொல்கிறார் என்று நினைத்து விட்டேனே என்று கண்ணுக்குத் தெரியாத நுண்ணுயிரிகள் இருக்கிறதா என்று ஐயத்துடன் வீட்டுக்குச் சென்ற குழந்தைகள் இருவரும் அபி கூறுவது சரிதான் என்று ஒப்புக்கொண்டனர்.

அண்ணா நீங்கள் கூறுவதைப் பார்த்தால் பெரிது படுத்தும் உபகரணம் கண்டுபிடித்த பிறகு தான் நுண்ணுயிரியை பற்றி மனிதன் தெரிந்து கொண்டானா? அதற்கு முன்பு நமது கண்களால் பார்க்க இயலாது அல்லவா.

நீ கூறுவது மிகவும் சரிதான். மனிதனின் கண் ஒரு புகைப்படக் கருவி போல் தான் செயல்படுகிறது. பொருளின் மீது ஒளிபட்டு அந்த ஒளி நமது கண்ணில் படும்பொழுது அது எந்த விதமான பிம்பம் என்பதை நாம் புரிந்து கொள்கிறோம். இப்படிக் கண்ணில் ஏற்படும் கோளாறுகளைச் சரி செய்வதற்காகக் கண் கண்ணாடிகள் கண்டுபிடிக்கப்பட்டன. 13 ஆம் நூற்றாண்டில் தான் முதன் முதலில் கண் கண்ணாடிகள் புழக்கத்திற்கு வந்தன.

அப்போது தன் கையில் இருந்த ஒரு லென்ஸை எடுத்து இதை உற்றுப் பாருங்கள் இது எப்படி இருக்கிறது என்று கேட்டான்

அபி. “நடுவில் பெருத்து ஓரத்தில் சிறுத்து இருக்கிறது” என்றான் அதை உன்னிப்பாகக் கவனித்த ஒரு சிறுவன். இப்படி இருக்கும் லென்ஸ்களை நாம் குவியாடி (Convex) என்கிறோம். இவை பொருட்களைப் பெரிது படுத்த உதவுகின்றன. அதே நேரத்தில் நடுவில் சிறியதாகவும் ஓரத்தில் பெரியதாகவும் இருப்பதைக் குழி ஆடி (concave) என்று கூறுகிறோம்.

அப்படி என்றால் பொருட்களைப் பெரிது படுத்த உதவும் உபகரணத்தை நாம் நுண்ணோக்கி என்று தானே அழைக்கிறோம். அது எங்கள் பள்ளியில் உள்ளது ஒரு முறை எனது ஆசிரியர் அதை என்னிடம் காட்டினார். மேலும் அது நூறு மடங்கு முதல் 500 மடங்கு வரை பெரிதுபடுத்தும் என்று கூறினார்.

கூறிய பென்சிலின் முனையும் அபியின் தலைமுடியும் எட்டு மடங்கு பெரிது படுத்தப்பட்டுள்ளது. தலைமுடி 50 மைக்ரானுக்கு அதிகமாக இருக்கும்

இதைக் கேட்ட அபி இப்படிப் பதில் கூறினான், “பல்லாயிரம் மடங்கு பெரிது படுத்தக்கூடிய நுண்ணோக்கிகள் இன்று உள்ளன ஆனால் அவற்றின் விலை அதிகம்”.

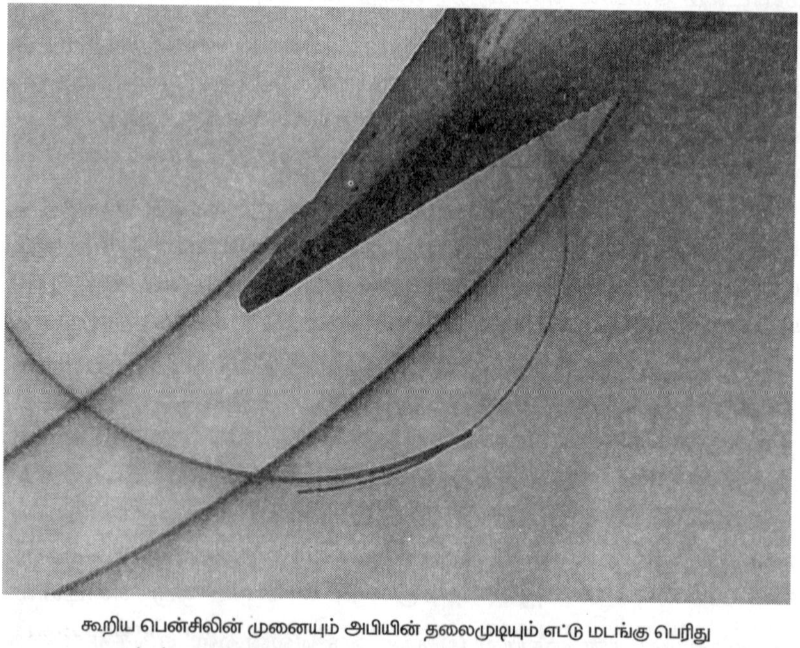

கூறிய பென்சிலின் முனையும் அபியின் தலைமுடியும் எட்டு மடங்கு பெரிது படுத்தப்பட்டுள்ளது. தலைமுடி 50 மைக்ரானுக்கு அதிகமாக இருக்கும்

பதினாறாம் நூற்றாண்டின் இறுதியில் ஜக்காரியாஸ் ஜான்சென் (Zacharias Janssen 1585-1632) லென்சுகளைக் கொண்டு நுண்ணோக்கியை தயாரித்தார். ஆனால் அதை வைத்து எந்தவிதமான நுண்ணுயிரிகள் கண்டுபிடிப்பையும் அவர் செய்யவில்லை. அதனால் அன்று அது அவ்வளவாகப் பெயர் பெறவில்லை. அதே நேரத்தில் ஆண்டனி வான் லீவென்ஹோக் (Antonie van Leeuwenhoek 1632-1723) நுண்ணோக்கிகளை உருவாக்கி ஆராய்ச்சி செய்யத் தொடங்கினார்.

நீங்கள் கூறியதால் கண்ணுக்குத் தெரியாத உயிரி இருக்கிறது என்று எங்களுக்குப் புரிந்தது. ஆனால் அவர் ஏன் இந்த வேலையைச் செய்தார் அவருக்கு யாரும் சொல்லிக் கொடுத்திருக்க மாட்டார்கள் அல்லவா.

"அங்கே காய்ந்து கொண்டிருக்கும் துவட்டும் துண்டை கொண்டு வா" என்றான் அபி. இந்தத் துண்டின் நுனியில் நூல் இழைகள் இருப்பதை நீங்கள் பார்க்கிறீர்கள் அல்லவா. இதில் எவ்வளவு நூல் இழைகள் இருக்கும் என்று கூற முடியுமா? ஒவ்வொருவரும் 200, 300, 400 என்று கூறிக் கொண்டே இருந்தனர். இதை மிக எளிதில் கண்டுபிடிக்க ஒரு கருவி உள்ளது என்று ஒரு அங்குல தூரத்தை மட்டும் பெரிதுபடுத்தும் தனது கையடக்கக் கருவியை எடுத்து அந்தத் துண்டின் மீது வைத்தான்.

அவன் அத்தையிடம் இருந்து ஒரு ஊசியை வாங்கி வருமாறு ஒரு சிறுவனைக் கேட்டுக் கொண்டான். இப்பொழுது ஊசியை வைத்து ஒவ்வொரு நூலாக அந்தப் பெரிதுபடுத்தும் கண்ணாடியின் மூலம் எண்ண ஆரம்பித்தான். அந்த வேலையை அங்கிருந்த மற்றொரு சிறுவனிடம் கொடுத்தான். ஆமாம் இப்பொழுது நூல் இழைகள் சற்று தெளிவாகத் தெரிகிறது என்று பொறுமையாக எண்ண ஆரம்பித்த அந்தச் சிறுவன் இந்தக் கண்ணாடியின் வழியாகத் தெரியும் நூல் இழைகளை நான் எண்ணிப் பார்த்தேன். 40 இழைகள் வருகின்றது என்றான். அதாவது ஒரு அங்குலம் நீளத்தில் 40 நூல் இழைகள். இந்தத் துண்டு 30 அங்குலம் உள்ளது மொத்தம் 1200 நூல் இழைகள் உள்ளன, புரிகிறதா என்றான்.

இதற்கும் லீவென் கண்டுபிடித்ததற்கும் என்ன சம்பந்தம்? என்று தானே அனைவரும் யோசிக்கிறீர்கள். லீவென் ஒரு கடையில் நெசவு நூல் இழைகள் சரியாக இருக்கிறதா என்பதைப் பரிசோதனை செய்பவராக வேலை செய்து கொண்டிருந்தார்.

அப்படிச் செய்து கொண்டிருந்தபோது அந்தப் பஞ்சாலான நூல் இழைகளைத் தெளிவாகப் பார்ப்பதற்கு லென்ஸ்களை உருவாக்குவதிலும் கவனம் செலுத்தினார். நாளாக நாளாக லென்ஸ்களைப் பட்டை தீட்டி புதுவிதமான லென்ஸ்களை அவர் உருவாக்கினார்.

வெறும் ஒற்றை லென்ஸ்களைக் கொண்ட பெரிதுபடுத்தும் நுண்ணோக்கிகளை அவர் நூற்றுக்கணக்கில் உருவாக்கினார். எத்தனை காலம் தான் இந்த நூல் இழைகளை மட்டும் பார்த்துக் கொண்டிருப்பது வேறு ஏதாவது வைத்து பார்க்கலாமா என்று அவருக்கு ஆர்வம் உண்டாகியது.

இவருக்கு முன்பு யாரும் சிறிய உயிரிகளைப் பார்க்கவில்லையா? இவர் தான் முதலில் பார்த்தாரா?

இவருடைய காலத்தில் வாழ்ந்த ராபர்ட் ஹூக் (Robert Hooke 1635 – 1703) மைக்ரோகிராஃபியா (Micrographia) என்ற ஒரு புத்தகத்தை 1665 ஆம் ஆண்டு வெளியிட்டார். அந்தப் புத்தகத்தில் கண்ணுக்குத் தெரியாத சிறு உயிரினங்களைப் பற்றித் தெளிவான படங்களுடன் விவரித்திருந்தார். அந்தப் புத்தகத்தில் குறிப்பிட்டுள்ளதைப் போலப் பல பொருட்களை ஆராய்ச்சி செய்வதில் லீவென் ஆர்வம் காட்டினார்.

ராபர்ட் ஹூக் எழுதிய புத்தகமும் ஆராய்ச்சிக்காக அவர் பயன்படுத்திய நுண்ணோக்கியும் விலங்குகள் மற்றும் செடிகளின் உருவ அமைப்பை பார்த்தார். பின்னர்ப் பொருட்களைப் பெரிதுபடுத்தி என்னென்ன இருக்கிறது என்று தசைநார்கள், விந்தணுக்கள், ரத்த சிவப்பணுக்கள், ரத்த ஓட்டம் செல்லும் நரம்புகள் போன்றவற்றைத் தான் உருவாக்கிய நுண்ணோக்கியின் வழியாகப் பார்த்து ஆச்சரியமடைந்தார்.

இவர் தான் முதன் முதலில் கண்ணுக்குத் தெரியாத நுண்ணுயிரிகளைத் தான் உருவாக்கிய நுண்ணோக்கியில் கண்டார். தனது வீட்டிற்கு அருகில் உள்ள குளத்திலிருந்து மாதிரிகளை எடுத்து வந்து இப்படி ஆராய்ச்சி செய்து கொண்டிருந்த பொழுது அதில் வித்தியாசமான ஒரு பொருள் நகர்வதைப் பார்த்தார். அதற்கு மிகச் சிறிய விலங்குகள் என்று பொருள் உடைய லத்தின் வார்த்தையை (animalculum) அதற்குச் சூட்டினார்.

அன்று இவர் உருவாக்கிய நுண்ணோக்கிகள் 200 மடங்கில் இருந்து 500 மடங்கு வரை பெரிது படுத்தக்கூடிய தன்மையைக்

கொண்டிருந்தன. முதலில் இவருடைய கண்டுபிடிப்புகளை ராயல் சொசைட்டி அங்கீகரித்து. 1673இல் பிரசுரம் செய்தது. பின்னர் 1676 இல் ஒரு செல் உள்ள உயிரையே கண்டுபிடித்து விட்டேன் என்று இவர் கூறிய பொழுது அதை நம்புவதற்கு யாரும் தயாராக இல்லை. அப்பொழுது ராபர்ட் ஹூக் ராயல் சொசைட்டியின் செயலாளராக இருந்தார். அது இவருக்குச் சாதகமாக இருந்தது. பின்னர்ப் பல்வேறு கட்ட பரிசோதனைகளில் இவருடைய கண்டுபிடிப்பு உண்மை என்று கண்டுபிடிக்கப்பட்டு 1680 இல் லீ ராயல் சொசைட்டி உறுப்பினராகச் சேர்த்துக் கொள்ளப்பட்டார். அதனால்தான் இவரை நுண்ணுயிரியல் துறையின் தந்தை என்று அழைக்கிறோம்.

ஒவ்வொரு மாதிரிக்கும் ஒரு நுண்ணோக்கியெனத் தனது வாழ்நாளில் 500க்கும் மேற்பட்ட நுண்ணோக்கிகளை இவர் உருவாக்கி வைத்திருந்தார். அதில் நிறையச் சேதமடைந்து இன்று ஒரு சிலவே காட்சிக்கு இருக்கின்றன. லென்ஸ் செய்ய

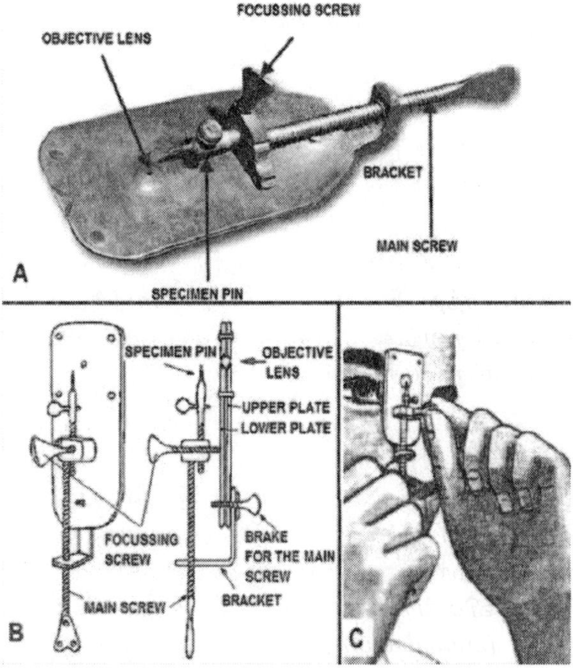

லீவென்ஹோக் உருவாக்கிய முதல் நுண்ணோக்கியின் அமைப்பு

தேவைப்படும் மூலப்பொருள் எது என்று உங்களுக்குத் தெரியுமா? என்ற புதிர் விடையைக் கேட்டான் அபி.

யாருக்கும் அதைப் பற்றித் தெரியவில்லை 99.9 விழுக்காடு தூய சிலிக்காவைத்தான் (Sio2) நாம் கண்ணாடியாகவும், லென்ஸ் ஆகவும் மாற்றுகிறோம். அவற்றை உருக்கி எடுப்பதால் தான் கண்ணாடி கிடைக்கிறது. அதிலிருந்து தான் நுண்ணோக்கிக்கு தேவையான லென்ஸ் கிடைக்கிறது.

சிலிக்கா விலை உயர்ந்த பொருளா? எங்கே இதை நாம் வாங்க முடியும் என்றாள் ஒரு சிறுமி. நீ கையில் அள்ளி விளையாடிக் கொண்டிருக்கும் மண்ணில் 95 விழுக்காடு சிலிக்கா உள்ளது. ஆனால் இதை உருக்கி கண்ணாடி ஆக மாற்றுவது தான் தொழில்நுட்பம் என்று மீண்டும் அனைவருக்கும் ஆச்சரியத்தைத் தந்தான் அபி.

3

உயிரிகளின் வகைகள்

ஒரு செல் உயிரியான அமீபா தான் முதலில் பிறந்தது அதிலிருந்து தான் பல செல் உயிரிகள் தோன்றின என்று எனது பாடத்தில் படித்திருக்கிறேன். அதில் உங்கள் நுண்ணுயிர்களைப் பற்றி எதுவும் இல்லையே? இவை எப்பொழுது தோன்றின என்றான் உயிரியல் படிக்கும் மாணவன்.

பிரபஞ்ச குப்பைகள் ஒன்று சேர்ந்து, நெபுலா உருவாகி அடர்த்தி அதிகமான மூல நட்சத்திரமாக மாறி பின்னர் அது வெடித்துச் சிதறியதில் இருந்து தான் நட்சத்திரங்களும் கோள்களும் உருவாகின்றன. இப்படி உருவாகிய சூரிய நெபுலாவிலிருந்து சூரியன் உருவாகியது. பின்னர்ச் சூரிய குடும்பத்தில் உள்ள புவி போன்ற எட்டு கோள்களும் மற்ற சூரிய குடும்ப அங்கங்களும் உருவாகின. இது நடந்து கிட்டத்தட்ட 450 கோடி ஆண்டுகளாகிறது. சூரியன் பிறக்கும் பொழுது எந்தப் பாகத்திலிருந்து கோள்கள் வெடித்துச் சிதறின என்பதைப் பொறுத்து அதன் வெப்பநிலை மாறுபட்டது.

சூரிய குடும்பத்தில் உள்கோள்கள் அதிக அடர்த்தியுடனும் வெளிக்கோள்கள் அடர்த்திக் குறைந்த கோள்களாகவும் இருக்கின்றன. அப்படிப் பிறந்த தகதகக்கும் நிலையிலிருந்து புவி மெல்ல சூடு குறைய ஆரம்பித்தது. அந்தப் புவியில் தான் முதல் முதலில் நுண்ணுயிரிகள் பிறந்தன. 370 கோடி ஆண்டுகளுக்கு முன்பாக முதலில் பிறந்த உயிர்களாக நுண்ணுயிரிகளைத் தான் நாம் கூறுகிறோம்.

அப்பொழுதுதான் அவை உருவாகின என்பதை எப்படிக் கண்டுபிடிப்பது?

புவியில் உள்ள பாறை படிமங்களில் நுண்ணுயிரிகள் இருந்ததற்கான சுவடுகளை வைத்து தான் அதன் ஆயுட்காலம் என்ன என்று கண்டுபிடிக்கிறார்கள்.

அப்படிப் பிறந்த நுண்ணுயிரிகளில் நியூக்ளியர் எனப்படும் கருவை(nuclei) கொண்டிருந்த உயிரிகளை ஒரு வகையாகவும் கரு இல்லாதவை மற்றொரு வகையாகவும் பிரிக்கப்படுகின்றன.

இப்படி உண்மையான கரு இல்லாதவற்றைப் புரோகாரியோட்டுகள் (Prokaryotes) உயிரினங்கள் என்று அழைக்கிறோம். அதே நேரத்தில் முழுமையாகக் கருவை உடைய உயிரினங்களை யூகாரியோட் (Eukaryote) என்று அழைக்கிறோம். பாக்டீரியங்களுக்குச் சவ்வு-பிணைக்கப்பட்ட கரு மற்றும் பிற உள் கட்டமைப்புகள் இல்லை, எனவே அவை புரோகாரியோட்டுகள் எனப்படும் ஒரு செல் வடிவங்களில் தரவரிசையில் உள்ளன.

கரு உள்ள மற்றும் கரு இல்லாத உயிரினங்களில் எது முதலில் பிறந்தது?

உண்மையான கரு இல்லாத புரோகாரியோட் நுண்ணுயிரிகள் 370 கோடி ஆண்டுகளுக்கு முன்பாகப் பிறந்தன. அதன் பிறகு 20 கோடி ஆண்டுகளில் பாக்டீரியாக்கள் உருவாகின. அவையும் இந்த வகை உயிரினங்கள் தான். இவை பிறந்து உருமாற்றம் அடைந்து பல நாட்கள் கழித்து அதாவது 270 கோடி ஆண்டுகளுக்கு முன்பாகத் தான் உண்மையான கருவை உடைய யூகாரியோட் நுண்ணுயிரிகள் தோன்றின.

யூகாரியோட்டுகள் செல்கள் ஒரு கரு மற்றும் பிற சவ்வு-பிணைப்பு உறுப்புகளைக் கொண்டிருக்கின்றன. அனைத்து விலங்குகள், தாவரங்கள், பூஞ்சைகள் மற்றும் புரோட்டிஸ்டுகள் உட்பட அனைத்தும் யூகாரியோடிக் உயிரினங்கள். யூகாரியோட்டுகள் ஒற்றைச் செல் அல்லது பலசெல் உயிரினமாக இருக்கலாம்.

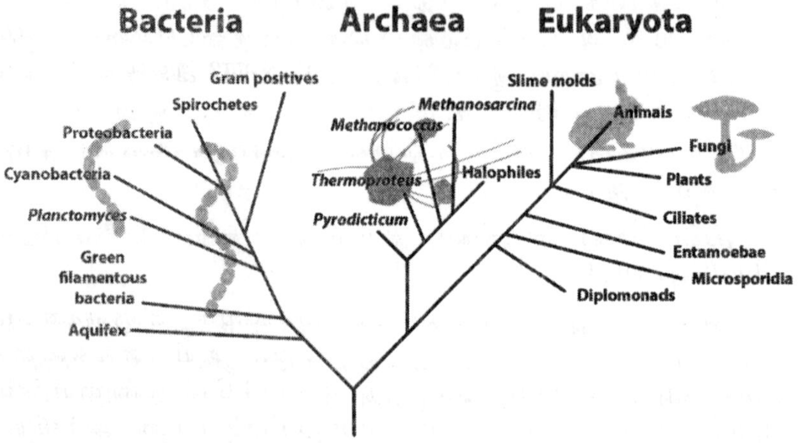

புவியில் உள்ள உயிர்கள் மூன்று பிரிவுகளாக வகைப்படுத்தப்பட்டுள்ளன அந்த வகைப்பாடு இங்கே காணலாம்

இப்படி உருமாற்றம் அடைந்து தோன்றிய முதல் ஒரு செல் உயிர் தான் அமீபா.

அதனுடைய அளவு எவ்வளவு இருக்கும்? அதுவும் நுண்ணோக்கி கண்டுபிடித்த பிறகு தான் கண்டுபிடித்தார்களா?

இரண்டு மைக்ரானிலிருந்து முப்பது மைக்ரான் வரை மாறக்கூடிய அளவுள்ள அமீபாக்கள் உள்ளன. 1755 இல் தான் ஆகஸ்ட் வான் ரோசன்ஹோஃப் என்பவர் அமீபாவை கண்டறிந்தார்.

அப்படி என்றால் டார்வின் கொள்கைப்படி சூழ்நிலைக்குத் தக்கவாறு ஒவ்வொரு உயிரினமும் தன்னைத் தகவமைத்துக் கொண்டது. மேலும் பரிமாண வளர்ச்சி அடைந்து வேறொரு உயிரினமாக மாறியது இந்த யூகாரியோட் உயிரினங்கள் தானா?

இந்த ஒரு செல் உயிரினங்கள் தான் பல செல் உயிரினங்களாக மாறின. பின்னர் விலங்குகளாகவும் மாற ஆரம்பித்தன. 156 கோடி ஆண்டுகளுக்கு முன்பாகத் தான் பல செல் உயிரிகள் தோன்றின.

இப்படிப் பரிமாண வளர்ச்சி அடைந்து வந்த உயிரினங்களில் மனிதன் எப்போது தோன்றி இருப்பான் என்றாள் ஒரு சிறுமி.

தோராயமாக மனிதன் 70 லட்சம் ஆண்டுகளுக்கு முன்பாகப் புவியில் தோன்றியிருக்கலாம் என்று ஆராய்ச்சியாளர்கள் கூறுகின்றார்கள். நாகரீக மனிதன் 2 லட்சம் ஆண்டுகளுக்கு முன்பாகத் தான் பிறந்திருப்பான்.

இந்த இரண்டு வகைப்பாட்டில் தான் உயிரிகள் பிறந்தன என்று விஞ்ஞானிகள் வகைப்படுத்தி இருக்கிறார்களா? இதில் அனைத்து உயிரினங்களும் வந்து விடுகின்றனவா?

இப்படித்தான் அனைவரும் நினைத்துக் கொண்டிருந்தோம். சமீபத்திய ஆய்வுகளில் இந்தப் புரோகாரியோட் மற்றும் யூகாரியோட் இரண்டுக்கும் இடையே வேறொரு உயிரினம் இருப்பது கண்டுபிடிக்கப்பட்டது

1977 இல், இல்லினாய்ஸ் பல்கலைக்கழக விஞ்ஞானிகள் உயர்ந்த உயிரினங்களுக்கு முந்தைய உயிரினங்களைக் கண்டுபிடித்ததாக அறிவித்தனர். இந்த ஒற்றைச் செல் நுண்ணுயிரிகள் இறுதியில் ஆர்க்கியா (archaea) என அறியப்பட்டன. ஆர்க்கியா நுண்ணுயிரிகள் அளவு மற்றும் எளிமையான கட்டமைப்பில் பாக்டீரியாவை ஒத்தவை. ஆனால் மூலக்கூறு அமைப்பில்

முற்றிலும் வேறுபட்டவை. அவை இப்போது பாக்டீரியா மற்றும் யூகாரியோட்டுகளுக்கு இடையில் ஒரு பழங்காலக் குழுவாக இருப்பதாக நம்பப்படுகிறது.

புரோகாரியோட்டுகள் கரு மற்றும் பிற உறுப்புகள் இல்லாதவை. அதனால் இப்பொழுது ஆர்க்கியா கண்டுபிடிப்புக்குப் பிறகு பாக்டீரியாவுடன் ஆர்க்கியாகவும் புரோகாரியோட்டுகள் வகையில் சேர்க்கப்பட்டுள்ளன. பெரும்பாலான புரோகாரியோட்டுகள் சிறிய, ஒற்றைச் செல் உயிரினங்கள், அவை ஒப்பீட்டளவில் எளிமையான அமைப்பைக் கொண்டுள்ளன.

யூகாரியோட், தெளிவாக வரையறுக்கப்பட்ட கருவைக் கொண்டிருக்கும் உயிரணு அல்லது உயிரினம். யூகாரியோட் செல் அணுக்கருவைச் சுற்றியுள்ள ஒரு அணுக்கரு சவ்வைக் கொண்டுள்ளது, அதில் நன்கு வரையறுக்கப்பட்ட குரோமோசோம்கள் அமைந்துள்ளன.

முதல் முதலில் யார் இப்படி உயிரினங்களை வகைப்படுத்தி வெளியிட்டது?

புரோகாரியோடிக் மற்றும் யூகாரியோடிக் வகைகளுக்கு இடையிலான வேறுபாட்டைச் சாட்டன் (Edouard Chatton 1883-1947) முதலில் வகைப்படுத்தி 1937 இல் வெளியிட்டார்.

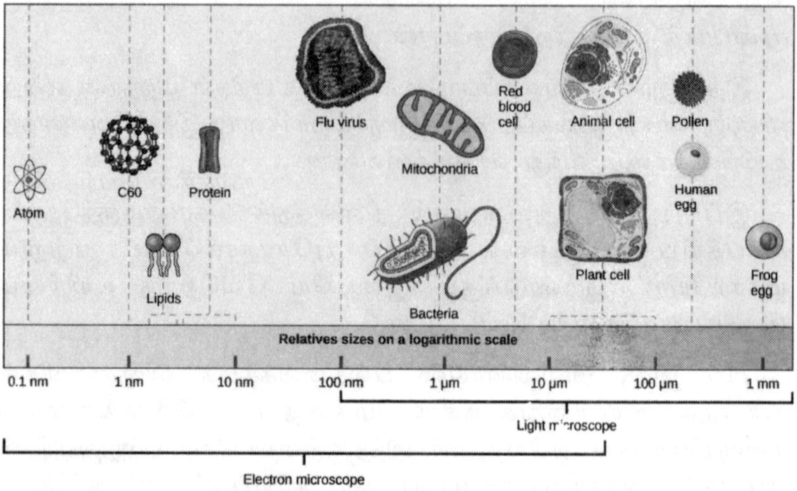

பாக்டீரியா வைரஸ் ஆகியவற்றின் உருவ அளவு நாம் படிக்கும் மற்ற பொருட்களுடன் ஒப்பிடப்பட்டுள்ளது.

நீங்கள் கூறுவது அனைத்தையும் ஆலோசித்துப் பார்த்தால் மனிதன் உட்பட வளர்ந்த உயிரினங்கள் அனைத்தும் யூகாரியோட் வகையைச் சார்ந்தவை சரிதானே?

மனித உடலில் உள்ள செல்கள் யூகாரியோட் வகையைச் சார்ந்தவை. அவை மிகவும் சிக்கலான அமைப்பை உடையவை. அதே நேரத்தில் பாக்டீரியாக்கள் புரோகாரியோட் வகையைச் சேர்ந்தவை அவை மிகவும் எளிமையானவை. நுண்ணுயிரி வகையில் வரும் வைரஸ்கள் செல்லே இல்லாத உயிரினம் ஆகும்.

பாக்டீரியா வைரஸ் போன்று எதுவெல்லாம் நுண்ணுயிர்கள் வகையைச் சேரும்.

பாக்டீரியா, ஆர்க்கியா, புரோட்டோசோவா (protozoa), பூஞ்சை (fungi), பாசிகள் (algae) மற்றும் வைரஸ்கள் (virus) உள்ளிட்ட பல வகையான நுண்ணுயிரிகள் உள்ளன. மேலும் கீழ்க்காணும் வகைகளையும் நுண்ணுயிரிகளாகக் கூறுகிறார்கள்.

சேறு அச்சுகள் (slime molds) உட்கருக்கள் அல்லது அமீபாய்டு செல்கள் கொண்ட தவழும் ஜெலட்டினஸ் புரோட்டோபிளாஸின் ஒரு செல் நிறை கொண்ட ஒரு எளிய உயிரினம்.

லைகன்கள் (lichens) ஒரு சிக்கலான வாழ்க்கை வடிவமாகும், இது இரண்டு தனித்தனி உயிரினங்கள், ஒரு பூஞ்சை மற்றும் ஒரு பாசின் கூட்டுவாழ்வு கூட்டாண்மை ஆகும். ஆதிக்கம் செலுத்தும் பங்குதாரர் பூஞ்சை ஆகும், இது லைகனுக்கு அதன் தாலஸ் வடிவம் முதல் அதன் பழம் தரும் உடல்கள் வரை அதன் பெரும்பாலான பண்புகளை அளிக்கிறது.

இப்படி முதலில் பிறந்த நுண்ணுயிரிகள் உருவத்தில் பெரிதாகி பின்னர்ப் பல செல் உயிரிகளாக மாறின. ஒவ்வொரு உயிரினமும் தான் எங்கு வாழ்கிறோம் என்பதைப் பொறுத்து அதன் உறுப்புக்களை உருவாக்கிக் கொண்டன. ஒவ்வொரு உயிரினமும் தான் வாழும் சூழ்நிலையைப் பொறுத்து அவற்றிற்குத் தேவைப்படும் உறுப்புகளும் மாறுபட்டன. நமக்குத் தேவையான ஒரு செயலை செய்வதற்கு உடலில் உறுப்புகள் தேவைப்படுகிறது.

மனிதனின் முக்கிய உறுப்புகள் எவை? என்ற வினாவை எழுப்பினான் அபி.

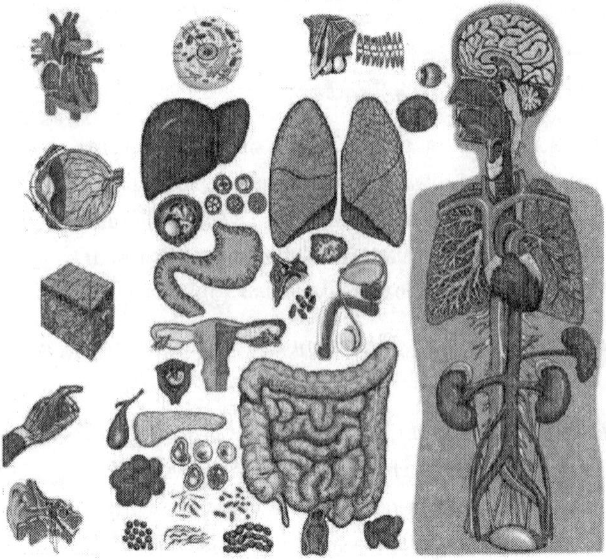

மனித உடலில் இருக்கும் 78 உறுப்புகளில் சிலவற்றை காணலாம்

இதயம், நுரையீரல், சிறுநீரகம், கல்லீரல் மற்றும் மண்ணீரல் என்றான் அதே உயிரியல் மாணவன்.

ரத்த ஓட்டத்தை மேற்கொள்ள இதயம் தேவைப்படுகிறது. சுவாசத்தைக் கட்டுப்படுத்த நுரையீரல் தேவைப்படுகிறது. இது மட்டும் இல்லாமல் நம்மைச் சுற்றி நடக்கும் சத்தத்தை உணர்ந்து கொள்ளக் காது என்ற உறுப்புத் தேவைப்படுகிறது. பார்ப்பதற்குக் கண் தேவைப்படுகிறது. இப்படி அனைத்து உறுப்புகளையும் கணக்கில் எடுத்தால் மனித உடலில் மொத்தம் 78 உறுப்புகள் இருக்கின்றன.

மனிதனுக்கு 78 வகையான உறுப்புகள் இருக்கும் என்று கூறுகிறீர்கள். ஒவ்வொரு வகையான உறுப்பும் செயல் இழந்தால் அதைக் கண்காணிப்பதற்கு வெவ்வேறு மருத்துவர்கள் இருக்கிறார்களா?

முக்கியமான உறுப்புகளைப் பரிசோதிக்க அந்தத் துறை வல்லுனர்கள் இருக்கிறார்கள். உதாரணத்துக்குச் சென்னை அப்பல்லோ மருத்துவமனையில் 60 விதமான துறைகள் இருக்கின்றன.

ஒவ்வொரு உறுப்புகளில் இருக்கும் செல்களின் வேலை தான் என்ன?

செல்கள் தான் உடலின் கட்டமைப்பை உருவாக்குவதில் முக்கியப் பங்கு வைக்கின்றன. உயிர் உள்ள எல்லாப் பொருட்களிலும் செல்கள் இருக்கின்றன. அவை உணவில் இருந்து கிடைக்கும் சத்துக்களை உறிஞ்சி அவற்றை ஆற்றலாக மாற்றி அந்தந்த உறுப்புகள் செய்ய வேண்டிய வேலைக்கு உதவுகின்றன.

ஒவ்வொரு உறுப்பும் அதற்குத் தேவையான செல்களை உற்பத்தி செய்து கொள்கின்றன. மனித உடலில் 32.7 லட்சம் கோடி செல்களில் 200 லிருந்து 300 கோடி செல்கள் இதயத்தில் மட்டும் இருக்கின்றன. 240 கோடி செல்கள் நுரையீரலில் உள்ளது. 170 கோடி செல்கள் கல்லீரலில் உள்ளன.

ஒவ்வொரு செல்லும் பிறந்து இறக்கிறது என்று கேள்விப்பட்டிருக்கிறோம் அது உண்மைதானா அப்படி என்றால் அதன் வாழ்நாள் எவ்வளவு இருக்கும்?

ரத்த வெள்ளை அணுக்கள் 13 நாட்களில் இறந்து விடுகின்றன. அதே நேரத்தில் சிகப்பு அணுக்கள் 120 நாள் வரை உயிர் வாழ்கின்றன. கல்லீரலில் உள்ள செல்கள் 18 மாதங்கள் வரை உயிர் வாழ்கின்றன. மனித மூளையில் உள்ள செல்கள் அவன் உயிர் வாழும் வரை உயிரோடு இருக்கின்றன.

மனிதனுக்கு உள்ளது போல் எல்லா உயிரினங்களுக்கும் உறுப்புகள் இருக்கின்றனவா? சில உறுப்புகள் தேவைப்படாது அல்லவா? மரத்தில் தொங்குவதற்குக் குரங்குக்கு வால் வேண்டும் ஆனால் மனிதனுக்கு அது தேவையில்லையே?

ஒவ்வொரு உயிரினத்திற்கும் அதன் உறுப்பு வேறுபடுகிறது. உதாரணத்திற்கு ஜெல்லி மீனை எடுத்துக் கொள்ளுங்கள். அதனுடைய தோல் அது உயிர் வாழ்வதற்குத் தேவையான ஆக்சிஜனை உள்வாங்கும் வேலையைச் செய்கிறது. அதனால் நுரையீரல் இல்லாத ஒரு விலங்கு ஜெல்லிமீன். அதேபோல் ரத்தமும் தேவைப்படுவதில்லை இதயமும் அதற்கு இல்லை.

மனிதனை விடப் பல மடங்கு பெரிதாக இருக்கும் யானைக்கு 24 உறுப்புகள் தான் இருக்கின்றன. அதே நேரத்தில் எட்டுக் கால்களை உடைய ஆக்டோபஸுக்கு மூன்று இதயங்கள் இருக்கின்றன. ஆக்டோபஸ் நீல நிற ரத்தத்தைக் கொண்டுள்ளது. உடலை சுற்றியுள்ள செதில்களுக்கு ரத்தத்தைக் கொண்டு செல்வதற்கு வெளிப்புற இரண்டு இதயங்கள் பயன்படுகிறது.

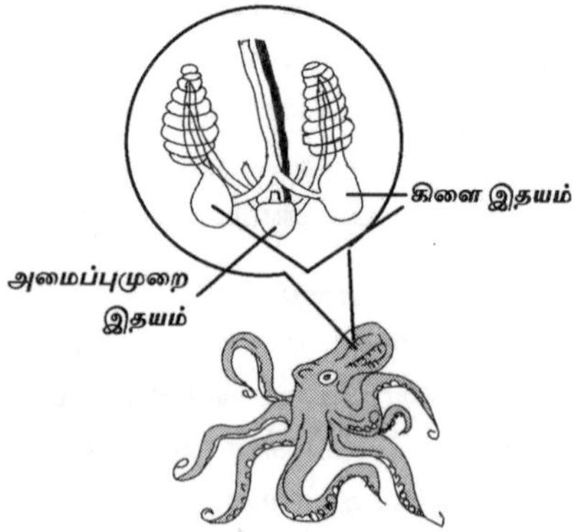

மூன்று இதயங்களை உடைய ஆக்டோபஸ்

அதே நேரத்தில் நடு இதயம் உடலின் மற்ற பாகங்களுக்கு ரத்தத்தைக் கொண்டு செல்ல உதவுகிறது.

குரோமோசோம் என்று படித்திருக்கிறேனே அவற்றிற்கும் செல்களுக்கும் என்ன சம்பந்தம்?

குரோமோசோம்கள் புரதத்தாலான நூல் போன்ற கட்டமைப்புகள் மற்றும் டிஎன்ஏவின் ஒற்றை மூலக்கூறு ஆகும். அவை மரபணு தகவல்களைச் செல்லிலிருந்து செல்லுக்குக் கொண்டு செல்ல உதவுகின்றன. டிஎன்ஏ என்பது தகவல் சேகரிப்பு நிலையம் ஆகும். ஒரு உயிரியின் தாய் தந்தையரைப் பற்றிய பல தனித் தன்மைகளை அது கொண்டிருக்கும். பரம்பரை என்ற ரகசியங்களை அது சேர்த்து வைத்திருக்கும்.

தாவரங்கள் மற்றும் மனிதர்கள் உட்பட அனைத்து விலங்குகளில், குரோமோசோம்கள் செல்களின் கருவில் வசிக்கின்றன. மனிதர்கள் ஒவ்வொரு செல்லிலும் பொதுவாக 23 ஜோடி குரோமோசோம்கள் இருக்கும்.

மனிதர்கள் தான் அதிகக் குரோமோசோம்களைக் கொண்ட விலங்கா?

அட்லஸ் நீல வண்ணத்துப்பூச்சி அதிகக் குரோமோசோம்களைக் கொண்ட விலங்கு ஆகும். மொராக்கோ மற்றும் அல்ஜீரியாவை பூர்வீகமாகக் கொண்ட இது 448-452 குரோமோசோம்களைக் கொண்டுள்ளது. அதேபோல் தாவரத்தில் ரெட்டிகுலேட்டம் 1400 க்கும் மேற்பட்ட குரோமோசோம்களைக் கொண்டுள்ளது.

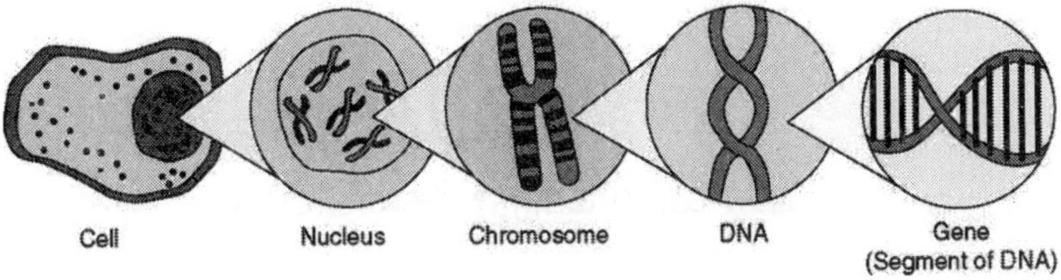

ஜீன், டி என் ஏ வின் ஒரு பாகமாகும். நியூக்ளியசில் இருக்கும் குரோமோசோமின் ஒரு பாகமாக டிஎன்ஏ உள்ளது. புரோகாரியோட் வகை உயிரினங்களின் செல்களில் நியூக்ளியஸ் உள்ளது.

வாத்துக்கு 40, கோழிக்கு 39, பன்றிக்கு 19 குரோமோசோம்கள் உள்ளன. நிறையக் குரோமோசோம்கள் இருந்தால் நிறையத் தகவல்கள் என்று அர்த்தம் இல்லை. சில தகவல்கள் மீண்டும் மீண்டும் வந்திருக்க வாய்ப்பு இருக்கிறது.

அப்பா மாதிரியே நடக்கிறான், இவன் பரம்பரை செய்திகள் மற்றும் பரம்பரை நோய் என்று கூறுகிறார்களே அந்தத் தகவல்கள் உடலில் எங்கே சேமித்து வைக்கப்பட்டிருக்கின்றன?

குரோமோசோம் நியூக்ளியஸின் ஒரு பாகம் ஆகும். ஒவ்வொரு செடிகள் மற்றும் விலங்குகளின் தன்மைகளுக்கு ஏற்ப அவற்றின் குரோமோசோம் இருக்கும். ஜீனோம் என்பது உயிரியல் கடிகாரம் ஆகும். அதில் பரம்பரையின் தகவல்கள் சேகரிக்கப் பட்டிருக்கும். ஜீனோம் நூல் என்றால், அந்த நூலைக் கொண்டு தயாரிக்கப்பட்ட துணி தான் குரோமோசோம். குழந்தை தூங்கும் பொழுது அப்பா மாதிரியே தூங்குகிறான், அம்மா மாதிரியே அழுகிறான் என்று கூறுவது எல்லாம் அந்த உடலில் அவர்கள் சந்ததியின் தரவுகள் சேகரித்து வைக்கப்பட்டு இருப்பதால் தான்.

எதிர்காலத்தில் ஒரு பிறக்கும் குழந்தையின் குரோமோசோம்மை நாம் ஆராய்ச்சி செய்து அவனுக்கு எதிர் காலத்தில் சர்க்கரை நோய் வருவதற்கு வாய்ப்பு இருக்கிறதா என்று கண்டறியும் தொழில்நுட்பம் வந்துவிடலாம்.

4

உயிர் வாழ காற்று தேவையா?

பன்னிரண்டாம் வகுப்பில் உயிரியல் படிக்கும் மாணவனும் அபியும் புவியில் பிறந்த உயிர்கள் எப்படி வகைப்படுத்தப்பட்டுள்ளன. எது முதலில் தோன்றியது? எது பின்பு தோன்றியது? என ஆழ்ந்த விவாதத்தைச் செய்து கொண்டிருந்தனர். இது ஒன்றும் புரியாமல் விழி பிதுங்கி கொண்டு நின்றிருந்த சிறுவர் சிறுமியர் அவர்கள் உரையாடலை நிறுத்தி அண்ணா "எங்களுக்கு ஒரு சந்தேகம் அதற்குப் பதில் கூறுங்கள்" என்றனர்.

உயிர் வாழ காற்று தேவையா? உணவு, உடை, உறைவிடம் என்று மனிதனின் தேவைகளைப் பற்றி எங்கள் பாட புத்தகங்களில் பலமுறை படித்திருக்கிறோம். இவ்வளவு நேரம் நீங்கள் இருவரும் பேசிக் கொண்டிருந்த உயிரினங்களுக்கும் இவை அவசியமா? என்ற அடிப்படை கேள்வியை எழுப்பினர்.

உணவு என்ற வகையறையில் காற்றும் வந்துவிடும். நாம் உண்பது போல் திட உணவாகவோ, திரவ உணவாகவோ எது வேண்டுமானலும் இருக்கலாம். அது பாறையில் இருக்கும் வேதி பொருளாகவும் இருக்கலாம். சூரியனிலிருந்து கிடைக்கும் ஆற்றலாகவும் இருக்கலாம். நாம் எண்ணிப் பார்க்க முடியாத பலவற்றையும் நுண்ணுயிரிகள் உணவுகளாக மாற்றிக் கொள்கின்றன.

உடை மனிதனுக்கு மட்டுமே பொருந்தும் என்பதால் அதைப் பற்றிக் கவலைப்படத் தேவையில்லை. உறைவிடம் என்பது தங்கும் இடத்தைப் பற்றியதாக இருந்தாலும் நுண்ணுயிரி போன்ற உயிரினங்களைப் பற்றிப் பேசுவதால் சூழ்நிலை என்று மாற்றிக் கொள்ளலாம். எந்த விதமான சூழ்நிலை தேவை என்பது அனைத்து உயிரினங்களுக்கும் பொருந்தும்.

காற்று அனைத்திற்கும் தேவையா? என்றால் தேவையில்லை.

மனிதன் சுவாசிக்கப் பிராணவாயு தேவைப்படுகிறது. கரியமிலவாயு அதிகமானால் தேவையான அளவு மூச்சு விடக் காற்று இல்லாமல் நாம் இறந்து போக நேரிடும். அதே நேரத்தில்

கரியமிலவாயு இருந்தால் மட்டும்தான் செடிகள் உயிர் வாழ முடியும். இங்கே நமக்குத் தேவையான காற்று செடிகளுக்கும் தேவைப்படுகிறது. ஆனால் நமக்குப் பிராணவாயு மரம் செடி கொடிகளுக்குக் கரியமிலவாயு.

அதாவது மனிதன் என்ற உயிருக்குத் தேவையான பொருட்கள் வேறு, புவியில் வாழும் மற்ற உயிர்களுக்குத் தேவையான பொருட்கள் வேறு என்று கூறுகிறீர்களா?

காற்றில்லாமல் எந்த உயிரினமாவது வாழ முடியுமா?

காற்று இருந்தால் இறந்து போகக்கூடிய நுண்ணுயிரிகள் எண்ணற்ற இருக்கின்றன. உதாரணத்திற்கு நமது வயிற்றில் வளரும் பாக்டீரியாக்கள் காற்று இல்லாத ஒரு நிலையில் தான் இருக்கின்றன.

கோடை காலத்தில் அதீத வெப்பத்தால் மனிதர்கள் உயிரிழப்பதாகச் செய்திகளில் படிக்கிறோம். புவி வாழ்வதற்கு ஏற்ற இடம் என்று கூறுகிறோம் ஆனால் ஏன் கோடை காலத்தில் இது போன்ற உயிரிழப்பு ஏற்படுகிறது.

நாம் வாழும் வெப்ப நிலைகளில் மாற்றம் ஏற்படும் பொழுது ஒரு குறிப்பிட்ட வெப்ப நிலைக்கு மேல் நம்மால் தாங்க இயலாது. உதாரணத்திற்கு நமது உடலில் இருக்கும் உறுப்புகளின் இயக்கம் நடைபெற உடலின் வெப்பநிலை 37 டிகிரி செல்சியஸ் இருக்க வேண்டும். அதே நேரத்தில் இது 41-42 டிகிரி செல்சியஸ் என்று சென்றால் பிரச்சனை என்று மருந்து மாத்திரைகள் எடுத்து சரி செய்து கொள்ளலாம். ஆனால் 47-50 டிகிரி செல்சியஸ்க்கு அதிகமாகச் செல்லும் பொழுது உறுப்புகளில் உள்ள செல்கள் செயலிழந்து மரணத்தை விளைவிக்கும்.

கோடை காலத்தில் வெப்பநிலை சாதாரணமாக இருப்பதை விட 5 லிருந்து 15 டிகிரி வரை அதிகரிக்கிறது. ஆனால் அந்த வெப்ப நிலையில் கூட நம்மால் தாக்கு பிடிக்க முடிவதில்லை. பூமியின் சராசரி வெப்பநிலை 15 டிகிரி என்று நாம் கூறினாலும் மிகக் குறைந்தபட்ச வெப்பநிலையாக 1983 ஆம் ஆண்டு அண்டார்டிகாவில் மைனஸ் 89.4 டிகிரி செல்சியஸ் பதிவாகியுள்ளது. அதேபோல் அமெரிக்காவில் அதிகபட்ச வெப்பநிலையாக 56.7 டிகிரி செல்சியஸ் பதிவாகியுள்ளது.

நீங்கள் படிக்கும் நுண்ணுயிரிகளுக்கும் இந்தப் பிரச்சனை இருக்கிறதா? ஒரு குறிப்பிட்ட வெப்பநிலையைத் தாண்டும் பொழுது அவை இறந்து விடுமா?

சவுதி அரேபியாவில் உள்ள பாலைவனங்களில் வெந்நீர் ஊற்றுங்கள் இருக்கின்றன. புவியின் மத்தியில் கொதித்துக் கொண்டிருக்கும் நிலையில் உள்ள தாதுக்கள் ஆங்காங்கே உள்ள துவாரம் வழியாக வெளியே வரும் பொழுது அந்த வெப்பம் சூடாக வெளியே வருகிறது. அதைத்தான் நாம் வெந்நீர் ஊற்றுகள் என்கிறோம். இந்த வெந்நீரூற்றுக்கள் தரைப்பகுதியிலும், கடலிலும் பல இடங்களிலும் காணப்படுகிறது. அப்படிப்பட்ட வெந்நீரூற்றுக்களில் வாழும் நுண்ணுயிரிகள் கடலுக்கு அடியிலும் சவுதி அரேபியா போன்ற இடங்களிலும் கண்டறியப்பட்டுள்ளன.

கடலுக்கு அடியில் இருக்கும் வெந்நீரூற்றுகளில் இருந்து வெளிவரும் போது அதன் வெப்பநிலை 400 டிகிரி செல்சியஸ் ஆக இருக்கும். எரிமலையில் இருந்து வெளிவரும் எரிமலை குழம்பின் வெப்பநிலை 1170 டிகிரி செல்சியஸ் ஆகும்.

புவியில் காணும் சில அதீத சூழ்நிலைகள். பனிக்கட்டியாகிய கடல் நீர், மண் எரிமலைகள், கடலில் காணும் வெப்ப துவாரங்கள், சூடான நீரூற்றுக்கள், அதிக அமிலத்துடன் காணும் ஏரிகள், பாலைவனங்கள், அமில சுரங்கங்களின் எச்சங்கள், கடல் படிவுகள், அதீத உப்புத் தன்மை கொண்ட ஏரிகள் குளங்கள் மற்றும் எண்ணற்ற இடங்கள். இங்கும் நுண்ணுயிரிகள் வாழ்வது ஆச்சரியம் அளிக்கிறது.

தீவிரமான சூழல்களில் (extremophile), அதாவது தீவிர வெப்பநிலை, கதிர்வீச்சு, உப்புத்தன்மை ஆகிய சூழ்நிலைகளில் உயிர் வாழும் நுண்ணுயிரிகள் இருக்கின்றன. இவை புவியின் பரிமாண வளர்ச்சியிலும் சுற்றுச்சூழல் ரீதியாகவும் முக்கியப் பங்கு வகிக்கின்றன.

இந்தப் புவி இப்பொழுது இருக்கும் நிலையில் அல்ல இது பிறந்த பொழுது இருந்தது. அப்பொழுது வெப்ப நிலை எப்படி அதிகமாக இருந்தது என்று ஆராய்ச்சியாளர்கள் கண்டுபிடித்து உள்ளார்களோ, அதே போலப் பலவித அதீத சூழ்நிலைகள் இருந்தது.

அது என்ன அதீத சூழ்நிலைகள்?

சூரியனிலிருந்து நமக்கு வெப்பம் கதிர்வீச்சின் மூலமாகக் கிடைக்கிறது. இந்தக் கதிர்வீச்சு ஒரு குறிப்பிட்ட அளவிற்கு அதிகமாகும் பொழுது அது புவியியல் வாழும் உயிர்களுக்குப் பிரச்சனையாக மாறுகிறது. எப்படி வெப்பநிலை அதிகமாக இருந்ததோ அதேபோல் கதிர்வீச்சும் அதிகமாக இருந்தது.

கடல் நீரில் 3.5 விழுக்காடு தான் உப்பு இருக்கும். அதிக உப்பு மனிதனை கொன்று விடும். உப்பில் உள்ள சோடியம் தான் உணர்வு கருவியாக நமக்குப் பயன்படுகிறது. நாக்கில் ஒரு இனிப்பை வைத்தவுடன் அது இனிப்பு என்று மூளைக்குச் செய்தியை கொண்டு செல்வது சோடியம் தான். ஆனால் சோடியத்தின் அளவு குறிப்பிட்ட அளவுக்கு அதிகமாக இருக்கும் போது செல்லில் உள்ள நீர் அதை நீக்குவதற்காகப் பயன்படுகிறது. அது மரணத்தையும் விளைவிக்கலாம்.

இதே தான் பொதுவாக எல்லா உயிரினங்களுக்கும் பொருந்தும். கடல் நீரில் உப்பின் அளவு 3.5 விழுக்காடு தான். அந்த நீரையே நம்மால் குடிக்க இயலாது. ஆனால் 25 விழுக்காடு வரை உப்புள்ள கடல்கள் உள்ளன. உப்புக் கடலில் மட்டும் உயிர் வாழும் நுண்ணுயிரிகள் இருக்கின்றன. உப்பில்லாத தண்ணீருக்கு வரும்போது அவை இறந்து விடுகின்றன.

அரேபிய தீபகற்பத்திற்கும் ஆப்பிரிக்காவுக்கும் இடையில் இருக்கும் செங்கடல் (Red Sea) புவியில் அதிகமான உப்பை கொண்டுள்ள ஒரு கடலாகும். இதன் நீரில் 36 இல் இருந்து 38 விழுக்காடு வரை உப்பு இருக்கிறது. இது போன்ற நுண்ணுயிரிகள்

(halophiles) இஸ்ரேலில் உள்ள 30 விழுக்காடு உப்பு கலந்து உள்ள சாக்கடல் (Dead sea) எனப்படும் இறந்த கடலில் கண்டுபிடிக்கப்பட்டன. அதே போல் ஈரானில் உரிமையா (urmia) ஏரியிலும் கண்டுபிடிக்கப்பட்டுள்ளது. துனிசியா நாட்டிலுள்ள சூரிய உப்பளங்களிலும், உப்பு சுரங்கத்திலும் கண்டறியப்பட்டுள்ளது. அமெரிக்காவில் உப்பு ஏரியிலும் கண்டுபிடிக்கப்பட்டுள்ளது.

அதேபோல் பொருட்களின் அமிலத்தன்மை மற்றும் காரத்தன்மையை pH என்ற அளவுகோலில் அழைக்கிறோம் அதைப் பற்றி உங்களுக்குத் தெரியுமா? என்றான் அபி.

ஒருமுறை எங்கள் தண்ணீரில் pHன் அளவு குறைவாக இருக்கிறது, அதனால் இந்தத் தண்ணீர் குடிக்கப் பயன்படாது என்று கேள்விப்பட்டிருக்கிறோம்.

ஒரு பொருள் எவ்வளவு காரம் எவ்வளவு அமிலம் என்பதை pH அளவைக் கொண்டு அழைக்கிறோம். இதன் அளவு பூஜ்ஜியத்தில் இருந்து 14 வரை இருக்கும். 7 என்றால் அமிலமும் இல்லை காரமும் இல்லை என்று பொருள். நாம் குடிக்கும் நீர் ஏழுக்கு அடுத்து இருக்க வேண்டும். ஏழுக்கு அதிகமாக இருந்தால் அது காரவகை என்றும் ஏழுக்கு குறைவாக ஜீரோவை நோக்கி சென்றால் அது அமிலம் என்றும் கூறுகிறோம்.

அந்த நேரத்தில், மழை பெய்ததால் வீட்டின் முன்பிருந்த பாசத்தை நீக்குவதற்காக அபியின் அத்தை வெளுப்புக் காரம் எனப்படும் பிளீச்சிங் பவுடரை தூவி கொண்டிருந்தார். அதனுடைய வாசம் அங்கே பேசிக்கொண்டு இருந்த அபி மற்றும் குழந்தைகளின் மூக்கிற்கு வந்தது.

“அங்கே அத்தை என்ன செய்து கொண்டிருக்கிறார் என்று உங்களுக்குத் தெரியுமா? ”என்றான் அபி.

வெள்ளை நிறத்தில் ஏதோ பவுடரை தூவி கொண்டிருக்கிறார். அவர் என்ன செய்கிறார் என்று பார்க்கலாம் என்று அனைவரும் அவர் அருகே சென்றனர். அந்த ப்ளீச்சிங் பவுடரை தூவி சிறிது நிமிடங்களில் நன்றாக அழுத்தி தேய்த்தார். அப்பொழுது அந்த இடத்தில் பச்சை பசேல் என்று பிடித்திருந்த பாசி அனைத்தும் ஒரு நொடியில் அங்கிருந்து மாயமானது அந்த இடமே பளபள என்று ஆனது.

இந்தப் பச்சை பசேல் என்று இருக்கும் பாசி ஒரு நுண்ணுயிரி வகைத் தான். மழை அதிகமாகப் பெய்து ஈரப்பதம் இருக்கும் போது இவை வளர்கின்றன. அதே நேரத்தில் கடுமையான வெயில் வரும்பொழுது உயிர் வாழ முடியாமல் இவை இறந்து விடும். என்று அபி கூறியவுடன், அதனால் தான் மழைக்காலத்தில் மட்டும் இந்தப் பாசி அதிகமாகப் பிடிக்கிறதா? என்று அவனுடைய அத்தை ஆச்சரியப்பட்டார்.

இந்தப் ப்ளீச்சிங் பவுடரை காரம் என்று கூறுகிறோம். இதன் *pH* 11 ல் இருந்து 13 வரை இருக்கும்.

அப்படி என்றால் நமது வயிற்றில் சுரக்கும் ஹைட்ரோ குளோரிக் ஒரு அமிலம் தானே அதனுடைய *pH* எவ்வளவு இருக்கும்.

அதனுடைய *pH* அளவு இரண்டிலிருந்து மூன்று தான் இருக்கும்.

எனது அப்பா வயிற்று வலி என்று மருத்துவரை சந்தித்தபோது வயிற்றில் புண் வந்துள்ளது. அதற்குப் பெயர் அல்சர் என்று கூறினாரே? அதற்கும் இதற்கும் சம்பந்தம் உள்ளதா?

நமது உடலில் ஒரு உயிர் கடிகாரம் இருக்கிறது. அந்தக் கடிகாரம் நமது உணவை செரிப்பதற்காகச் சரியான நேரத்தில் வேலை செய்யத் துவங்கும். அப்படி வயிற்றில் சுரக்கும் ஹைட்ரோ குளோரிக் அமிலம் குடலை அரித்துப் புண் உருவாவதை தான் அல்சர் என்று கூறுகிறோம். அது தான் உனது அப்பாவிற்கு வந்துள்ளது.

எலுமிச்சம் பழச்சாறு அதிக அமிலத்தன்மை கொண்ட ஒரு உணவு பொருளாகும். ப்ளீச்சிங் பவுடரை போல் வீட்டில் தரை மற்றும் கழிவறைகளைச் சுத்தம் செய்ய உபயோகிக்கும் பொருட்கள் அதிகக் காரத்தன்மை கொண்டதாகும்.

இதைக் கேட்டுக் கொண்டிருந்த அவனுடைய அத்தை ஓ! இதுதான் காரணமா? சென்ற முறை ப்ளீச்சிங் பவுடரை கையில் நிறைய நேரம் வைத்திருந்த பொழுது என் கை புண்ணாகி போய்விட்டது என்று தனது அனுபவத்தையும் பகிர்ந்து கொண்டார்.

அமிலத்தன்மை அதிகமாகும் பொழுது அது பொருட்களைக் கரைத்து விடும். “நுண்ணுயிரிக் கதையிலிருந்து நாம் வெகு தூரம்

வந்து விட்டோம் என்று நினைக்கிறேன். எதற்கு இந்த அமிலத்தன்மையும் காரத்தன்மையும் முக்கியம்" என்றாள் ஓர் சிறுமி.

நாம் நினைத்துப் பார்க்க முடியாத அமிலத்தன்மை உள்ள இடத்திலும் காரத்தன்மை உள்ள இடத்திலும் நுண்ணுயிரிகளால் உயிர் வாழ முடியும். அதிகக் காரத்தன்மை உள்ள இடங்களில் வாழும் நுண்ணுயிரிகளை ஆசிடோபில்களில் (acidophiles) என்று அழைக்கிறோம். சல்பர் எனப்படும் கந்தகம் அதிகமாகக் கலந்துள்ள ஏரிகள், அமில சுரங்க வடிகால்களால் மாசுபட்ட இடங்கள், மேலும் அமிலத்தன்மை கூடுதலாக இருக்கும் நமது வயிற்றில் கூட இந்த வகையான நுண்ணுயிரிகள் கண்டுபிடிக்கப்பட்டுள்ளன.

சுரங்கங்களில் இருந்து வெளிவரும் கழிவு நீரில் கந்தகம் கலந்திருக்கும் பொழுது அது மிகவும் அமிலத்தன்மை உள்ளதாக இருக்கும். சல்பைடு தாதுக்கள் வெட்டி எடுக்கும் சுரங்கங்களில் இது காணப்படுகிறது. ஸ்பெயினில் உள்ள டின்டோ நதியில் இருந்து வரும் நீரில் இது போன்ற நுண்ணுயிரிகள் கண்டுபிடிக்கப்பட்டுள்ளன.

அதிக அமிலத்தன்மை (pH=2) கொண்ட ஸ்பெயினில் உள்ள ரியோ டின்டோ நதியின் நீர்

ஒரு ஆணியைப் போட்டாலே கரைந்து போகும் என்ற நிலையில் இந்த நுண்ணுயிரிகள் அங்கு உயிர் வாழ்வது நாம் நினைத்துக் கொண்டிருக்கும் உயிர் என்ற வகையைவிட இது வேறு ஒரு வகையாக அல்லவா தோன்றுகிறது என்றனர்.

அதிகக் காரத்தன்மை உடைய இடங்களில் அதாவது pH 10க்கும் மேற்பட்ட இடங்களில் வாழ்பவற்றை alkaliphiles என்று அழைக்கிறோம். கார்பனேட் அதிகமாகக் காணப்படும் மண்ணில் இவை வாழ்கின்றன. இவை உயிர் வாழ்வதற்குக் காரத்தன்மை மிகவும் முக்கியமாகும். இவற்றின் உடலில் ஹைட்ரஜன் அணுக்களை எல்லாச் செல்களுக்கும் கொண்டு செல்லும் அமைப்பு உள்ளது. அதனால் pH எட்டுக்கும் அதிகமாக இருந்தாலும் இவற்றால் உயிர் வாழ முடிகிறது.

உயிர் எப்படி வாழ வேண்டும் என்ற நமது வரையறை மனிதர்களைப் பார்த்தும், நம் கண்ணுக்குத் தெரியக்கூடிய யானை, குதிரை போன்ற விலங்குகளைப் பார்த்தும் நாம் வரையறுத்து இருக்கிறோம். ஆனால் அதைவிட நாம் நினைத்துப் பார்க்க முடியாத சூழ்நிலைகளிலும் புவியிலேயே உயிர்கள் வாழ்கின்றன. அந்த உயிர்கள் நுண்ணுயிரிகள் வகையைச் சேர்ந்தவை. ஆனால் என்ன, அவை மிகவும் சிறியதாக இருப்பதால் வெறும் கண்களால் நம்மால் பார்க்க முடிவதில்லை.

நீங்கள் கூறுவதைப் பார்த்தால் எது எல்லாம் மனிதனுக்குத் தீங்கு என்று நாம் நினைக்கிறோமோ? அந்த அதீத சூழ்நிலைகளைத் தான் வாழ்வதற்கு உகந்த சூழ்நிலையாக மாற்றி இந்த நுண்ணுயிர்கள் வாழ்கின்றன அப்படித்தானே?

அப்படியேதான் என்றான் அபி.

வளிமண்டல அழுத்தம் எவ்வளவு இருக்கும் என்று உங்களுக்குத் தெரியுமா?

ஒரு வளிமண்டல அழுத்தம் என்பது ஒரு சதுர சென்டி மீட்டர் அளவுள்ள இடத்தில் ஒரு கிலோ எடையை வைக்கும் பொழுது அது எவ்வளவு அழுத்தத்தை உருவாக்குமோ அதை ஒரு வளிமண்டல அழுத்தம் என்று தோராயமாகக் கூறலாம் என்று தெளிவான விளக்கத்துடன் கூறினான் ஒருவன்.

நாம் நீருக்கு அடியில் செல்லும் பொழுது நீரின் அழுத்தம் அதிகரித்துக் கொண்டே செல்லும். அதைப் பற்றி உங்களுக்குத் தெரியுமா? என்றான் அபி.

நன்றாகத் தெரியுமே, பாதரச கலத்தில் அழுத்தத்தை அளக்கும் பொழுது 760 மில்லி மீட்டர் என்பது ஒரு வளிமண்டல அழுத்தம் என்று படித்திருக்கிறோம். அதே நேரத்தில் பாதரசத்தின் அடர்த்தி நீரை போல் 13.6 மடங்கு. அதனால் வளிமண்டல அழுத்தத்தை நீரில் அளவுகோலில் கூறினால் 10,336 மில்லி மீட்டர் அல்லது 10.3 மீட்டர்.

கடலுக்கு அடியில் செல்லும்பொழுது ஒவ்வொரு 10 மீட்டருக்கும் ஒரு வளிமண்டல அழுத்தம் அதிகரித்துக் கொண்டே இருக்கும்.

கடலில் ஆழம் மிக அதிகமாக இருக்குமா? எங்கள் கிணற்றில் ஆழம் 50 அடி என்று மாமா கூறியிருக்கிறாரே.

எப்படி எவரெஸ்ட் மலை 8.85 கிலோ மீட்டர் உயரம் இருக்கிறதோ, அதைப்போலக் கடலுக்கு அடியிலும் ஆழம் இருக்கிறது. 11 கிலோ மீட்டர் ஆழம் வரை கடலுக்கு அடியில் கண்டுபிடித்துள்ளார்கள்.

அங்கே உயிரினங்கள் வாழ முடியுமா? மனிதர்கள் ஒரு குறிப்பிட்ட ஆழத்திற்குக் கீழே சென்றால் மூச்சு விடக் கடினப்படுகிறார்கள் என்று கேள்விப்பட்டிருக்கிறேன். அது உண்மையா?

நீ கேள்விப்பட்டது தான் நான் சொல்ல வந்தேன். மூச்சு விடுவதற்குக் காற்று இருந்தாலும் ஆழத்திற்கு நாம் செல்ல செல்ல அழுத்தம் அதிகமாகிக் கொண்டே செல்லும். அந்த அழுத்தம் நமது உடலை அழுத்த ஆரம்பிக்கும். குறிப்பிட்ட அழுத்தத்திற்கு மேல் நம்மால் தாக்குப் பிடிக்க முடியாது. அதனால் தான் திறமை வாய்ந்த அனுபவம் மிக்க நீச்சல் வீரர்கள் கூட 50 அடி ஆழத்திற்குக் கீழ் நீந்தி செல்வதில்லை. அவர்கள் 50 அடி தாண்டும் பொழுது அவர்கள் உடலில் ஏற்படும் அழுத்தம் இரண்டு வளிமண்டல அழுத்தத்தை விட அதிகமாக இருக்கும்.

இந்த இடத்திலும் நீங்கள் படிக்கும் நுண்ணுயிரிகள் வாழ்ந்து விடுமா?

அதைச் சொல்வதற்குத் தானே இவ்வளவு கதை கூறிக் கொண்டிருக்கிறேன். 11 கிலோமீட்டர் ஆழத்திற்குச் செல்லும் பொழுது அங்கே நீரின் அழுத்தம் ஆயிரம் வளிமண்டல அழுத்தங்களுக்கு அதிகமாக இருக்கும். அது போன்ற அதீத

சூழ்நிலையிலும் வாழக்கூடிய உயிரினங்கள் இருக்கின்றன. அதீத ஆழத்தில் இது போன்ற உயிரினங்கள் கண்டுபிடிக்கப்பட்டுள்ளன. அவற்றைப் பைசோபில்ஸ் (*Piezophiles*) என்று அழைக்கிறோம்.

வெயில் காலங்களில் வெளியில் சென்றால் என்ன பிரச்சனை வரும்? வெயில் சுட்டெரிக்கும். அதனால் கோடை காலத்தில் கண்ட இடங்களில் சுற்றாதே என்று எனது அம்மா அறிவுரை கொடுக்கிறார். ஏன் இந்தச் சூரியன் நம்மைச் சுடுகிறார்.

சூரியனிலிருந்து வெப்பம் கதிரியக்கம் மூலமாகப் புவியை வந்தடைகிறது. அதில் கண்ணுக்குத் தெரிந்த மற்றும் கண்ணுக்குத் தெரியாத ஒளிக்கதிர்கள் நம்மை வந்து அடைகின்றன. அந்தக் கதிரியக்கத்தின் தீவிரம் காரணமாகத்தான் தோல் சார்ந்த நோய்கள் நமக்கு வருகின்றன. புவியின் வளிமண்டலம் சூரியனிலிருந்து வரும் கதிரியக்கத்தைக் குறிப்பிட்ட அளவு வடிகட்டி அனுப்புவதில் முக்கியப் பங்கு வைக்கிறது.

“ஓ! அதனால் தான் விண்வெளி மனிதர்கள் புவிக்கு வெளியே செல்லும் பொழுது கதிரியக்கத்தில் இருந்து பாதுகாத்துக் கொள்ள விண்வெளி உடைகளை அணிந்து செல்கிறார்களா?” என்றான் ஒரு சிறுவன்.

ஆம், விண்வெளி உடை அவர்களுக்குத் தேவையான அழுத்தம், காற்று போன்றவற்றைக் கொடுப்பதோடு விண்வெளி நடைபயணம் செய்யும் பொழுது அதீத கதிரியக்கத்தில் இருந்து அவர்களைக் காத்துக் கொள்கிறது.

இதுபோன்ற கதிரியக்கத்திலும் நுண்ணுயிர்கள் உயிரோடு வாழ முடியுமா?

செவ்வாய் கிரகம் போன்ற மற்ற கிரகங்களில் உயிரினங்கள் இருக்கிறதா? என்று ஆராய்ச்சி செய்வதற்காகச் செயற்கைக்கோள்கள் அனுப்பப்படுகின்றன. அவற்றின் மேலே ஒட்டிக் கொண்டிருக்கும் நுண்ணுயிரிகளைக் கதிரியக்கம் மூலமாகவும், வேதிப்பொருட்கள் மூலமாகவும் நீக்கப்பட்டுப் பின்னர்ப் பரிசோதனை செய்யபட்டு அனுப்பப்படுகின்றன. அப்படி ஒருமுறை பரிசோதனை செய்த பொழுது எந்தவிதமான கதிரியக்கத்திற்கும் இறந்து போகாத பாக்டீரியாக்களைக் கண்டுபிடித்தார்கள். பின்னர் அவற்றை விண்வெளிக்குக் கொண்டு சென்று அங்கே சுற்றிக் கொண்டிருக்கும் சர்வதேச விண்வெளி நிலையத்தின் மேற்பரப்பில் வைத்து ஒன்றரை ஆண்டுகளுக்குப் பிறகு திரும்பப் புவிக்குக் கொண்டு

வந்து ஆராய்ச்சி செய்தனர். அதீத கதிரியக்கத்தில் இவை தாக்குப்பிடித்து வாழ்வது கண்டறியப்பட்டது.

ஆனால் புவியில் இதுபோன்ற கதிர் இயக்கம் வருவதற்கு வாய்ப்புகள் இல்லை அல்லவா? அவை புவியில் உயிரோடு வாழ்கின்றன என்பதை நாம் எப்படிக் கண்டுபிடிக்க இயலும்.

1986 ஆம் ஆண்டு உக்ரைன் நாட்டில் உள்ள செர்னோபில் அணு உலையில் ஒரு விபத்து நடைபெற்றது. அந்த விபத்தில் 30-க்கும் மேற்பட்டோர் இறந்தனர். அந்த விபத்தின் காரணமாகப் பல மடங்கு கதிரியக்கம் வெளியேறியது. அதனால் பல்வேறு பாதிப்புகள் ஏற்பட்டன.

ஆச்சரியம் அளிக்கக் கூடிய வகையில் இந்த விபத்து நடந்த சில மாதங்களில் அங்கு ஆராய்ச்சி நடந்த பொழுது இந்தக் கதிரியக்கத்தைத் தனக்குச் சாதகமாகப் பயன்படுத்திக் கொண்டு நுண்ணுயிரிகள் அங்கே வளர தொடங்கியது கண்டுபிடிக்கப்பட்டது. கதிரியக்கம் மனிதன் போன்ற விலங்குகளுக்குப் பேராபத்தாக இருந்தாலும் அதையே தனக்குச் சாதகமாக்கி வாழ்விடமாக மாற்றி நுண்ணுயிரிகள் வளர ஆரம்பித்து விட்டன.

அண்ணா, நீங்கள் கூறுவதை இவ்வளவு நேரம் கேட்டதில் உணவு, உடை, உறைவிடம் என்று நாங்கள் படிப்பது மனிதனுக்கு மட்டும்தான் பொருந்தும் என்று தெளிவாகப் புரிகிறது. மனிதன் சாப்பிடும் திட, திரவ உணவுகளை விட இந்த நுண்ணுயிரிகள் பலவிதமான உணவுகளை உண்பது தெரிகிறது.

தாவரத்திற்கு யார் உணவு தருகிறார்கள்? சூரிய ஒளி இருந்தால் தானே ஒளிச் சேர்க்கை நடைபெறும்.

சூரியனில் இருந்து கிடைக்கும் ஆற்றலை கார்பன்டைஆக்சைடு, நீர் ஆகியவற்றின் உதவியுடன் தனக்குத் தேவையான உணவாக மாற்றுவது தான் தாவரத்தின் வேலை. அது போல் இந்த நுண்ணுயிரிகள் பாறையில் இருக்கும் வேதிப்பொருட்களை உணவாக மாற்றுகின்றன. கதிரியக்கத்தால் கிடைக்கும் ஆற்றலை உணவாக மாற்றுகின்றன. அதீத சூழ்நிலைகளைத் தனக்குச் சாதகமாக மாற்றி அதையே உயிர் வாழ்வதற்குத் தேவையான இடமாகவும் மாற்றித் தனது சந்ததியை நிலை நிறுத்துகின்றன.

இன்று நாம் வித்தியாசமாகப் பார்க்கும் இந்த நுண்ணுயிரிகள் புவி பிறந்த பொழுது அதிகமாக இருக்க வாய்ப்புகள்

இருந்திருக்கலாம். கால ஓட்டத்தில் புவியுடைய சூழ்நிலை மாறிக்கொண்டே வந்ததால் வெவ்வேறு காலங்களில் வெவ்வேறு உயிரினங்கள் தோன்றி இருக்கும். உயிர்களின் ஆதாரத்திற்கு இது போன்ற நுண்ணுயிரிகள் எப்படி ஆதாரமாக இருந்தது என்று பல்வேறு ஆராய்ச்சிகள் நடைபெற்றுக் கொண்டு வருகின்றன.

5

நுண்ணுயிரி கிருமியா?

இப்படியாக அபியின் வாழ்க்கை கிராமத்தில் நகர்ந்து கொண்டிருந்தபோது உலகம் முழுவதும் கோடிக்கணக்கான மக்கள் கொரோனா பெருந்தொற்று நோயினால் பாதிக்கப்படுவதைச் செய்தியில் மக்கள் கேட்டு தெரிந்து கொண்டனர். முகக் கவசம் என்றால் என்ன? என்று அறியாதவர் கூட அதை அணிய தொடங்கினர். ஏன் பள்ளிகளுக்கு விடுமுறை என்று குழந்தைகள் ஆராயத் தொடங்கினர். கைகளைச் சோப்பு போட்டு கழுவ வேண்டும் என்பது முதல் கிருமிநாசினி கொண்டு கழுவுவது வரை அனைத்தும் கிராம மக்களுக்குப் புதிதாக இருந்தது. இத்தாலியில் கொத்துக் கொத்தாக மக்கள் பெருந்தொற்றுக் காரணமாக இறப்பது பெரும் செய்தியாக வந்தது.

இந்த நிகழ்வுகளுக்குப் பிறகு இதை உன்னிப்பாகக் கவனித்துக் கொண்டிருந்த அபியின் நண்பர்களாகி விட்ட குழந்தைகள் இது தொடர்பாகவும் வினாக்களை எழுப்ப தொடங்கினர்.

செய்திகளில் கிருமி தொற்று என்று பலமுறை கூறுகிறார்களே, இந்த நுண்ணுயிரிகள் அனைத்தும் கிருமிகளா? இந்த நுண்ணுயிரிகள் அனைத்தும் மனிதனுக்குத் தீங்கு விளைவிக்கக் கூடியதா? கிருமிகளைப் பற்றியா உங்கள் படிப்பு?

மனிதர்களில் நல்லவர்கள் கெட்டவர்கள் என்று இருப்பது போல் நுண்ணுயிரிகளிலும் சில கெட்டவை இருக்கின்றன. உலகில் உள்ள எண்ணற்ற நுண்ணுயிரிகளில் ஒரு விழுக்காட்டுக்கும் குறைவான நுண்ணுயிரிகள் தான் நோயை உருவாக்கக் கூடியவை. அவற்றைத் தான் கிருமிகள் என்று கூறுகிறோம். அதைத் தவிர மற்ற அனைத்தும் இந்தப் புவிக்கும், மனிதர்கள் போன்ற விலங்குகளுக்கும் நன்மை பயக்கும் உயிரினங்கள் தான்.

முதன் முதலில் நுண்ணுயிரிகள் நோயை உருவாக்குகின்றன என்பதை எப்படிக் கண்டறிந்தார்கள்? இப்படிக் கண்ணுக்கு தெரியாத நுண்ணுயிரிகள் இருக்கிறது என்று கூறியவுடன் அனைவரும் ஒத்துக் கொண்டார்களா? ஏன் எதற்கு என்று கேள்வி எழுப்பி இருப்பார்களே? அதற்கு யார் பதில் கூறினார்கள்?

நம் கண்ணுக்கு தெரியாததால் ஏதாவது நோய் வந்து அவதிப்படும் பொழுது, திடீரென்று அது அங்கே தோன்றி, நோய் வந்து இறந்து விடுகிறோம் என்று அனைவரும் நினைத்துக் கொண்டிருந்தார்கள். அதுவரை இப்படிக் கண்ணுக்குத் தெரியாத நுண்ணுயிரிகள் இருக்கும் என்று அறியாததால் இதைப் பெரும்பாலானவர்கள் ஒப்புக் கொண்டிருந்தனர். அந்த நேரத்தில் தான் லூயிஸ் பாஸ்டர் (*Louis Pasteur 1822–1895*) நோய்க்கிருமிகளைக் கொல்லும் ஸ்டெர்லைசேஷன் முறையைச் செய்து காண்பித்தார்.

உணவாகப் பரிமாறப்பட்ட மாட்டு இறைச்சி குழம்பில் (*bone broth*) இந்தச் சோதனையை அவர் செய்து காண்பித்தார். ஒரு

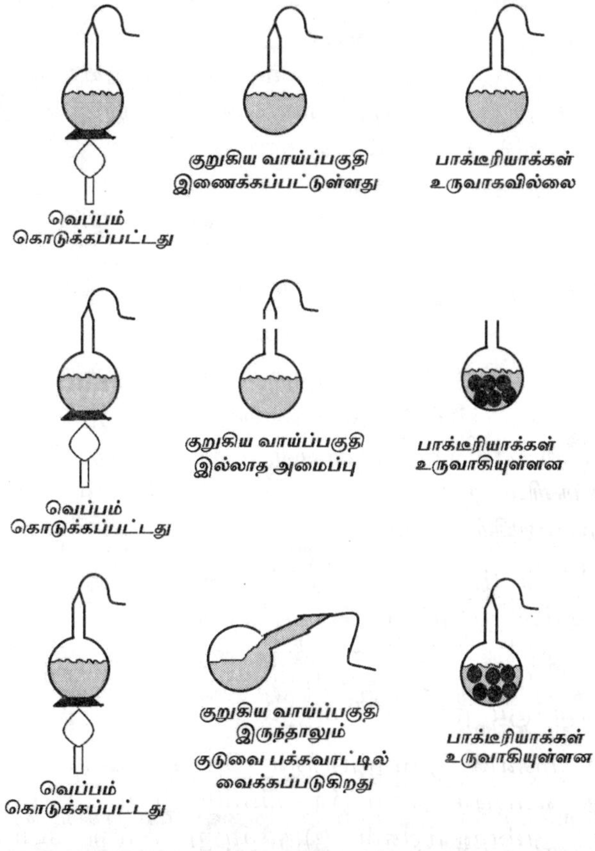

நுண்ணுயிரிகள் தான் பொருட்கள் கெட்டுப் போவதற்கு காரணம் என்பதை விளக்குவதற்காக லூயிஸ் பாஸ்டர் நடத்தி காட்டிய செய்முறை

குடுவையை எடுத்துக்கொண்டு அந்தக் குடுவையின் மேல் பகுதியில் வளைந்த பகுதியை இணைத்தார். எடுத்துக்கொண்ட குழம்பில் உள்ள நுண்ணுயிரிகளைக் கொல்வதற்காக அதைச் சூடு படுத்தினார்.

இதுபோல் சில குடுவைகளை எடுத்தார். அதில் சிலவற்றில் வளைந்த மேல்பகுதியை நீக்கிவிட்டார். சிலவற்றில் வளைந்த நுனிப்பகுதியை அப்படியே வைத்திருந்தார்.

வளைந்த பகுதி எதற்கு அதில் என்ன ஆகிவிடப் போகிறது?

ஏதாவது நுண்ணுயிரிகள் உள்ளே வர முயற்சித்தால் இந்த வளைந்த முனை இருப்பதால் வழுக்கிக் கொண்டு வெளியே வந்துவிடும். அதனால் குடுவையில் உள்ளே செல்லாது என்று அவர் நினைத்தார். அவர் நினைத்தது போலவே நுனியில் வளைந்த பகுதியை கொண்டு இருந்த குடுவையில் நுண்ணுயிரிகள் வளர்ந்து உணவு கெட்டுப் போகவில்லை. அதே நேரத்தில் நுனியில் வளைந்த பகுதி நீக்கப்பட்டுக் காற்றில் உள்ள நுண்ணுயிரிகள் உள்ளே வருவதற்கு ஏதுவாக வைக்கப்பட்ட குடுவையில் நுண்ணுயிரிகள் வளர்ந்து மிக விரைவில் குழம்பு கெட்டுப் போய்விட்டது. இந்த ஆராய்ச்சி, சுயமாக உயிர்கள் தோன்றி பொருட்களை அழித்து விடுகின்றன என்று நினைத்துக் கொண்டிருந்ததை மாற்றியது.

அப்போது அங்கே வந்த அபியின் அத்தை என்ன எல்லாரும் ரொம்ப நேரம் பேசிக் கொண்டிருக்கிறீர்கள் குடிப்பதற்கு ஏதாவது வேண்டுமா? என்றார் "அனைவருக்கும் தேநீர் கொடுங்கள்" என்றான் அபி.

தேநீர் சுடச்சுட வந்தது. நமது கிணற்றில் உள்ள நீரில் நுண்ணுயிரிகள் இருக்கும் என்று கூறினீர்கள். ஆனால் பாஸ்டர் தனது ஆய்வில் குறிப்பிட்ட வெப்ப நிலையில் சூடு செய்த போது எல்லாம் இறந்து விட்டன என்று கூறினீர்கள். இப்பொழுது நமக்குக் கிடைத்திருக்கும் இந்தத் தேநீரில் நுண்ணுயிரிகள் இருக்க வாய்ப்பு இருக்கிறதா?

நோய்க்கிருமிகளை நீக்கும் முறையை தான் ஸ்டெர்லைசேஷன் என்று கூறுகிறோம். பொதுவாக இவை 121 டிகிரி செல்சியஸ் மற்றும் 132 டிகிரி செல்சியஸ் என்ற இரண்டு வேறுபட்ட வெப்பநிலையில் செய்யப்படுகின்றன. ஒரு பொருள் இதை விட

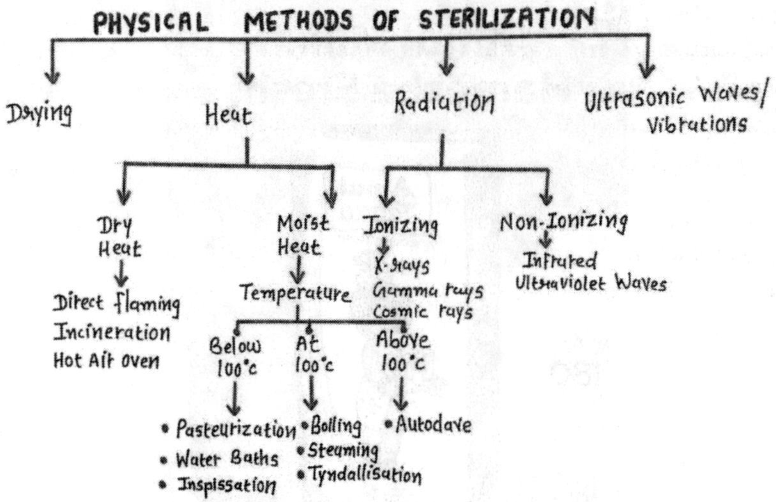

நுண்ணுயிரியை நீக்குவதில் கையாளப்படும் முறைகளை காணலாம்

அதிகமாகச் சூடு செய்யும் போது அதில் உள்ள கிருமிகள் இறந்து போகும்.

அப்படியென்றால் கொதிக்க வைத்து இறக்கிய இந்தத் தேநீரில் கிருமிகள் இல்லை என்று தானே கூறுகிறார்கள்.

சரிதான் இப்பொழுது இல்லை. ஆனால் இந்தக் காற்றிலும் நிறைய நுண்ணுயிரிகள் இருக்கின்றன. அவை இந்தத் தேநீர் குளிர ஆரம்பிக்கும் பொழுது உள்ளே வந்துவிடும்.

சூடு செய்துவிட்டுப் பத்திரமாக மூடி போட்டு மூடி வைத்தாலும் அவை வந்து விடுமா?

நாம் என்னதான் மூடி போட்டு மூடி வைத்தாலும் மூடியிலும் எண்ணற்ற நுண்ணுயிரிகள் இருக்கும். மூடிக்கும் பொருள் வைத்திருக்கும் பாத்திரத்திற்கும் இடையே உள்ள இடுக்கில் அவை எளிதாக நுழைந்து விடும். அதனால் சூடு செய்த பொருட்களிலும் சில மணி நேரங்களில் நுண்ணுயிரிகள் வளர்ந்து விடும்.

நேற்று தொலைக்காட்சியில் ஒரு விளம்பரம் பார்த்தேன். அதில் 180 நாட்களுக்குக் கெட்டுப் போகாமல் பாலை வைத்து இருக்கலாம் என்று விளம்பரப்படுத்தினார்கள். ஆனால் நான் உங்கள் அத்தையிடம் இருந்து வாங்கிய பாலை ஒரு நாள் தவறுதலாக வெளியே வைத்ததால் அது கெட்டுப் போய்விட்டது. அதற்காக

180 நாட்கள் காலாவதி கொண்ட அமுல்பால். பாலும் அது அடைக்கப்படும் பாக்கெட்டும் நுண்ணுயிரிகள் நீக்கப்படுவதால் கெட்டுப் போகாமல் இருக்கிறது.

என் அம்மாவிடமிருந்து அடி கிடைத்தது. அது எப்படி 180 நாள் பால் கெட்டுப் போகாமல் இருக்கும்.

இது மிகவும் அருமையான கேள்வி.

இதைப் பற்றித் தெரிந்து கொள்வதற்கு முன்பு லூயி பாஸ்டர் செய்த ஆராய்ச்சியைப் பற்றி அறிந்து கொள்ள வேண்டும். 1863 ஆம் ஆண்டு பிரான்சை ஆண்டு வந்த மூன்றாம் நெப்போலியன், குளிர்பானங்கள் மற்றும் ஒயின் விரைவில் கெட்டுப் போவதை குறித்து ஆராய்ச்சி செய்யுமாறு லூயிபாஸ்டரை கேட்டுக்கொண்டார். அவர் தனது ஆராய்ச்சி முடிவில், இது நுண்ணுயிரிகளின் வேலையாக இருக்கும் என்று கூறினார். அவற்றைக் கொல்வதற்காகக் குளிர்பானங்களை 50ல் இருந்து 60 டிகிரி செல்சியஸில் சூடு செய்து, அதன் சுவை மாறாமல் அதே நேரத்தில் நுண்ணுயிரிகளை நீக்கிவிட்டுச் சோதித்துப் பார்த்தார். அதனால் அவற்றின் ஆயுட்காலம் அதிகரித்தது. இந்த முறையில் தான் குளிர் பானங்கள் தொடங்கிய ஆராய்ச்சி இப்பொழுது பாலில் உள்ள கிருமிகளையும் அழிக்கிறது. இந்த முறையை நாம் அவரின் பெயராலேயே பாஸ்டரைசேசன் என்று அழைக்கிறோம்.

இந்த முறையில் பால் 71 டிகிரி வெப்ப நிலைக்குச் சூடேற்றப்பட்டு 15 வினாடிகள் வைக்கப்படும். அதற்குப் பதிலாக 62 டிகிரியில் சூடேற்றப்பட்டு 30 வினாடியில் வைத்தாலும் போதும். இப்படிச் செய்வதால் பாலில் உள்ள கிருமிகள் இறந்து விடுகின்றன.

பால் போன்ற அனைத்து திரவங்களிலும் நுண்ணுயிரிகள் இருக்கும். இந்தப் பாலை அடைத்து வைக்க நாம் பயன்படுத்தப்படும் குண்டா, பிளாஸ்டிக் டப்பா, மற்றும் அடைத்து வரும் பாக்கெட் அனைத்திலும் நுண்ணுயிரிகள் இருக்கின்றன. ஆனால் இந்தப் பாலை அதில் அடைத்து வைப்பதற்கு முன்பாகக் கிருமி நீக்கும் முறையான ஸ்டெர்லைசேசனை செய்யும் பொழுது அதில் ஒட்டிக் கொண்டிருக்கும் அனைத்து கிருமிகளும் கொல்லப்படுகின்றன.

இப்படிப் பாலுக்குள் இருக்கும் கிருமிகளையும் குறிப்பிட்ட வெப்பநிலையில் மிதமாகச் சூடேற்றி அகற்றிய பிறகு, பால் அடைத்து வைக்கும் நெகிழி காகிதத்தையும் சூடேற்றி அனைத்து நுண்ணுயிரிகளையும் நீக்கிய பின்பு, உடனடியாகப் பால் அதில் அடைக்கப்பட்டால் நுண்ணுயிர் இல்லாத ஒரு சூழ்நிலையை உருவாக்க முடியும். அப்படி அடைக்கப்பட்டு வரும் பால் தான் அதிக நாட்கள் கெடாமல் இருக்கும்.

இப்படி அடைக்கப்பட்ட பாலை சுற்றுப்புற சூழலில் இருக்கும் காற்றுப் படுமாறு வேறு டப்பாக்களுக்கு மாற்றும்போது சில மணி நேரங்களிலேயே அதில் நுண்ணுயிர் வந்துவிடும். நமது வீட்டில் குண்டாவில் வைக்கும் பொழுது அவை மிக விரைவில் கெட்டுப் போய்விடும்.

"நுண்ணுயிரிகளை கண்டுபிடிப்பதற்கு முன்பு மனிதர்கள் இறந்து போயிருப்பார்கள் அல்லவா? ஆனால் அவர்கள் இந்தக் கிருமிகளால் தான் இறந்தார்கள் என்று தெரிந்திருக்க வாய்ப்பில்லை தானே" என்றான் ஒரு சுட்டி.

மனிதர்களும் உயிரினங்களும் இறந்து போகின்றன. ஆனால் எப்படி இறந்தன என்ற உண்மையை இன்றைய நவீன மருத்துவ உலகத்தில் தான் கண்டறிகிறோம். ஆனால் முற்காலத்தில் அதற்கான சரியான காரணம் தெரிந்திருக்க வாய்ப்பில்லை.

அப்பொழுது எப்படிக் கிருமியை கண்டுபிடித்தார்கள்?

பல ஆயிரம் ஆண்டுகளுக்கு முன்பாகவே ஆந்த்ராக்ஸ் எனப்படும் ஆட்கொல்லி நோய் ஆடு, மாடுகளையும் சில சமயம் மனிதர்களையும் தாக்கியது. அதனால் பலரும் இறந்தனர். இந்த நிலையில் ஒரு பொருளை சூடு செய்யும் பொழுது அதில் உள்ள கிருமிகள் இறந்து போகின்றன. தானாக அவை உருவாவதில்லை என்பதை லூயி பாஸ்டர் உறுதி செய்தார்.

ஆனால் அவை எப்படிப் பரவுகின்றன என்பதை அவர் கூறவில்லை.

அதைக் கண்டுபிடித்துச் செயல் முறைப்படுத்தியவர் ராபர்ட் கோச் (*Robert Koch 1843-1910*). ஒரு காலத்தில் ஆந்த்ராஸ் நோய் கால்நடைகளைப் பாதித்து 5 லட்சத்திற்கும் மேற்பட்ட ஆடு

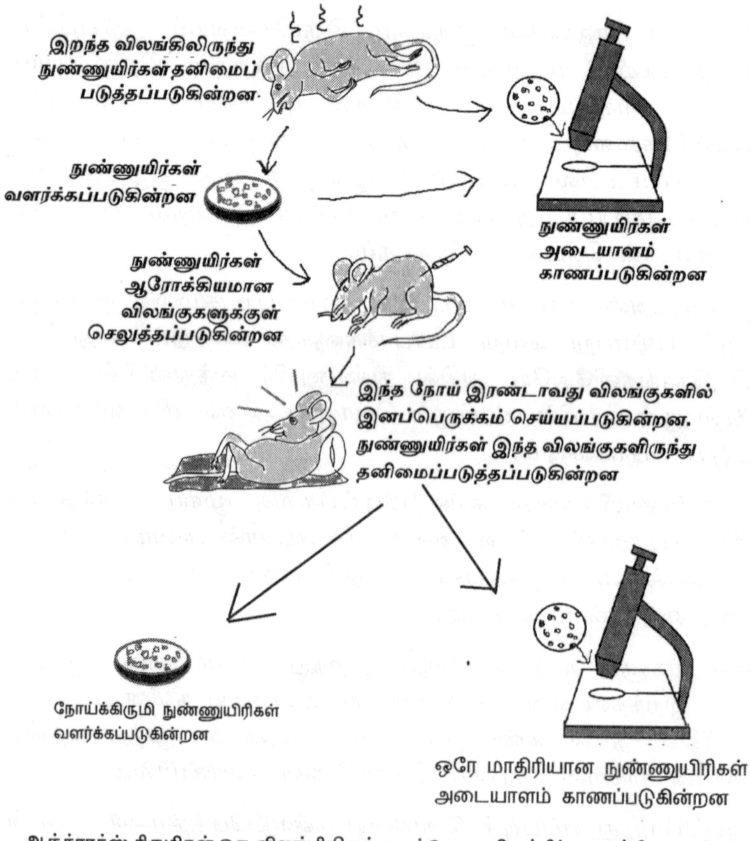

ஆந்த்ராக்ஸ் கிருமிகள் ஒரு விலங்கிலிருந்து மற்றொரு விலங்கிற்கு செல்கிறது என்பதை மேற்கூறியுள்ள ஆராய்ச்சி மூலம் ராபர்ட் கோச் கண்டறிந்தார்

மாடுகள் இறந்தன. அதைப் பற்றிய ஆராய்ச்சிகள் முழுவீச்சில் நடைபெற்றன. கோச்சும் அந்த ஆராய்ச்சியைச் செய்தார். இவர் ஆந்த்ராக்ஸ் நோய் தாக்கி இறந்து போன எலியின் உடலில் இருந்து கிருமிகளைப் பிரித்தெடுத்தார். அந்தக் கிருமிகளை ஆய்வகத்தில் வளர்த்தார். அப்படி வளர்த்த கிருமிகளை நன்றாக இருக்கும் எலிகளுக்குச் செலுத்தி பார்த்தார். அதனால் எலிகள் இறப்பதை அவர் கண்டறிந்தார். மீண்டும் இறந்து போன எலிகளின் உடலில் இருந்து மாதிரிகளைச் சேகரித்து, அவை முதலில் இறந்து போன எலிகளில் இருந்து கிடைத்த ஆந்த்ராக்ஸ் கிருமி தானா? என்பதை உறுதி செய்தார்.

இந்தப் பரிசோதனையின் மூலம் ஆந்த்ராக்ஸ் கிருமிகள் ஒரு விலங்கில் இருந்து மற்றொரு விலங்குக்குப் பரவுகின்றன என்பதை அவர் கண்டறிந்தார்.

அந்த நேரத்தில் உடல்நிலை சரியில்லாமல் இருந்த பொழுது மருத்துவர் எழுதிய மருந்து சீட்டோடு வந்தாள் ஒரு சிறுமி. இந்த மருந்து சீட்டை பாருங்கள். இதில் ஒரு மருந்து ஆன்டிபயாட்டிக் என்று மருத்துவர் கூறினார். அதை ஐந்து நாட்கள் தினமும் மூன்று மாத்திரை சாப்பிட வேண்டும் என்றார். “அது என்ன?” என்று நான் கேட்டபோது, “அது உடலில் நோய் எதிர்ப்பு சக்தியை உருவாக்குவதற்கு” என்று கூறினார். இதற்கும் நீங்கள் சொல்லிக் கொண்டிருக்கும் கிருமிக்கும் ஏதாவது சம்பந்தம் இருக்கிறதா?

நமது உடலில் நோய் எதிர்ப்பு மண்டலம் இருக்கிறது. அது அந்நிய சக்திகள் யாராவது உடலில் நுழைந்தால் அதை எதிர்த்து போரிட்டு வெற்றிப் பெறுகிறது. அந்நிய சக்திகளைத் தான் நாம் கிருமிகள் என்கிறோம். இந்தக் கிருமிகள் வைரஸ், பாக்டீரியா என்று எந்த வகையான நுண்ணுயிராகவும் இருக்கலாம்.

எல்லா நேரமும் நமது நோய் எதிர்ப்பு மண்டலம் கிருமிகளை எதிர்த்து வெற்றி பெற்று விடுமா?

ஒரு போட்டி என்றால் வெற்றி தோல்விகள் இருக்கத்தானே செய்யும்.

எப்படி நமது உடல் தோல்வியடையும் அண்ணா?

பொதுவாக ஒரு கிருமி உள்ளே நுழைந்த உடன் அவன் எப்படிப்பட்டவன், எந்தவிதமான தாக்குதலை நடத்துகிறான். அவனை வெற்றி கொள்ள நாம் எப்படித் தாக்குதல் நடத்த

வேண்டும் என்று திரைப்படத்தில் நீங்கள் காணும் போர் முறைகளை விடப் பல மடங்கு அதிவேகமாக உடலில் உள்ள நோய் எதிர்ப்பு மண்டலம் வேலை செய்து அதை எதிர்க்க முயற்சிக்கிறது. முன்பே சந்தித்திருந்த ஒரு எதிரி என்றால் அவனை வெற்றி கொள்வதில் நோய் எதிர்ப்பு மண்டலத்திற்கு ஒரு பிரச்சனையும் இல்லை.

அதாவது நான் தினமும் எங்கள் வீட்டில் இருந்து பள்ளிக்குச் செல்லும் சாலை எனக்கு அத்துபடி எளிதாகச் சென்று விடுவேன். அதுவே புதிதாக ஓர் ஊருக்குச் செல்லும் பொழுது எங்கே ஏது என்று கேட்டுக் கொண்டே செல்வேன் அது போல என்கிறீர்கள் அப்படித்தானே அண்ணா?

அப்படியே தான். புதிதாக ஒரு கிருமி உள்ளே வந்தவுடன் அவன் எப்படிப்பட்டவன் யார் என்று புரிந்து கொள்ள நோய் எதிர்ப்பு சக்தி மண்டலத்திற்குச் சிறிது நேரம் எடுத்துக் கொள்ளும். அந்த நேரத்திற்குள் உடலில் புகுந்த கிருமி பல்கி பெருகி நோய் எதிர்ப்பு மண்டலத்தைத் தாக்கி மனிதனின் உயிரைக் குடிக்கும் வரை சென்று விடுகிறது. இந்தக் கிருமிகளை எதிர்த்துப் போராடுவதற்குத் தான் நாம் ஆன்டிபயாட்டிக் மருந்துகளை உண்கிறோம்.

உடல்நிலை சரியில்லை காய்ச்சல் என்று மருத்துவரை சந்திக்கும்பொழுது உடலில் இது போன்ற கிருமிகள் வந்துள்ளன. அந்தக் கிருமிகளை நமது உடலில் உள்ள நோய் எதிர்ப்பு மண்டலத்தால் எதிர்த்து வெற்றி பெற முடியவில்லை. போராட்டம் நடந்து கொண்டிருக்கிறது, என்ற நிலையில் மருத்துவரை சந்திக்கிறோம். அவர் உடனடியாகத் தேவையான வேதிப்பொருட்களை நாம் சாப்பிட்டு கிருமிகளை எதிர்த்து வெற்றிப் பெறுவதற்கு மாத்திரைகளைத் தருகிறார். அந்த மாத்திரைகள் தான் ஆன்டிபயாட்டிக் மாத்திரைகள்.

இவற்றை ஒன்றோ இரண்டோ சாப்பிட்டால் போதுமானதாக இருக்காது. குறிப்பிட்ட அளவு எடுத்துக் கொண்டால் மட்டும் தான் போதுமான அளவு வேதிப்பொருட்கள் உருவாக்கப்பட்டு, உடலில் உள் நுழைந்த அனைத்து கிருமிகளையும் கொல்லும்.

நீங்கள் கூறும் இந்த மருந்து புரிகிறது. ஆனால் கொரோனாவிற்கு மருந்து எதுவும் இல்லை தடுப்பூசியைக் கண்டுபிடித்துக் கொண்டிருக்கிறோம் என்று செய்திகளைப் பார்த்தேனே. இது

போன்ற மருந்துகளை ஏன் கொரோனா நோய்க்கு கண்டுபிடிக்க முடியவில்லை.

பாக்டீரியாவால் பரவும் நோய்களான தொண்டை வலி, காசநோய், சிறுநீர் தொற்று, காலரா, மூளைக்காய்ச்சல், உணவு விஷமாக மாறுதல், வயிற்றில் பாக்டீரியா வருவதால் ஏற்படும் வலி, நிமோனியா போன்ற நோய்களுக்கு ஆன்டிபயாட்டிக் எனப்படும் பாக்டீரியாக்களைக் கொல்லும் மருந்துகள் பயன்படும்.

ஆனால் வைரஸ்கள் தனியாக உயிர் வாழாது. அவை உயிர் வாழ்வதற்கு உயிர் உள்ள வேறு ஒரு பொருளின் ஆதரவு தேவைப்படுகிறது. அதனால் தான் அவை உடலில் ஒட்டிக்கொண்டு செல்களில் கிடைக்கும் ஆற்றலை பெற்று அதிலிருந்து உயிர் வாழ்கின்றன. எந்தச் செல்லில் அவை ஒட்டிக் கொள்கின்றன, அவற்றுக்கு எப்படி உணவு கிடைக்கிறது என்பதைப் பொறுத்து அவற்றின் செயல்பாடு மாறுபடும்.

பாக்டீரியாக்களை நாம் ஆராய்ச்சி செய்து அதன் இயக்கத்தைக் கண்டுபிடிப்பது போல் வைரஸை முழுவதுமாகக் கண்டுபிடிக்க முடியாது. அதனால் ஒவ்வொரு நோய் பரப்பும் வைரஸ் கிருமி உடலில் வந்தவுடன் அதை ஆராய்ந்து அதைத் தாக்குவதற்கான மருந்துகள் தயாரிக்கப்படுகின்றன. அந்த மருந்துகளைத் தான் நாம் தடுப்பூசி என்கிறோம்.

இந்தத் தடுப்பூசி எப்படி நமது நோய் எதிர்ப்பு மண்டலத்திற்கு உதவி செய்யும். ஒன்றாம் வகுப்பு படிக்கும் பொழுது எனக்கு அம்மை நோய்க்கு தடுப்பூசி என்று கையில் போட்ட தழும்பை எடுத்துக் காண்பித்துக் கேட்டான் ஒரு சிறுவன். அது மட்டும் இல்லாமல் நீ ஒரு முறை தடுப்பூசி போட்டால் போதும் வாழ்நாள் முழுவதும் வேலை செய்யும் என்று அன்று ஆசிரியர் கூறியதாக எனக்கு ஞாபகம் இருக்கிறது அண்ணா.

ஆன்டிபயாட்டிக் மருந்துகளை நாம் சாப்பிடும் பொழுது அதில் உள்ள வேதிப்பொருட்கள் நமது உடலில் குறிப்பிட்ட காலம் மட்டும் தான் தங்கி இருக்கும் மூன்று மாதங்களில் இருந்து 9 மாதம் வரை மருந்துகளுக்கு மருந்து அவை மாறுபடலாம்.

ஆனால் வைரசால் தாக்கக்கூடிய நோய்களான எய்ட்ஸ், சாதாரணச் சளி, எபோலா, குளிர் காய்ச்சல், தட்டம்மை, பெரியம்மை, சின்னம்மை, கொரோனா ஆகியவற்றுக்குத் தடுப்பூசி

தயாரிக்க வேண்டும். தடுப்பூசி என்பது நோய் எதிர்ப்பு மண்டலத்தைத் தயார்படுத்தும் ஒரு செயலாகும்.

இப்பொழுது முழு ஆண்டுத் தேர்வுகள் வருவதாக வைத்துக் கொள்வோம். முழு ஆண்டுத் தேர்வில் எந்த விதமான கேள்விகள் கேட்கப்படும் என்பது எப்படி உங்களுக்குத் தெரியும்?

தேர்வு வருவதற்கு முன்பாகவே ஆசிரியர் எந்தவிதமான கேள்விகள் வரும் என்பதை முன்கூட்டியே எங்களுக்குத் தெரிவிப்பார். அது போன்ற கேள்விகளுக்கு எங்களுக்குப் பயிற்சி அளிப்பார். அந்தக் கேள்விகளை நாங்கள் நல்ல வகையில் பயிற்சி செய்யும் பொழுது முழு ஆண்டுத் தேர்வில் வரும் கேள்விகளை எளிதாக எங்களால் எழுத முடியுமே என்றான் ஒரு சிறுவன்.

இதே வித்தையைத் தான் நாம் நோய் எதிர்ப்பு மண்டலத்திற்கும் சொல்லித் தருகிறோம். புதிதாக எங்கோ இருந்து உடலுக்குப் போகும் கிருமியை பார்த்து நோய் எதிர்ப்பு மண்டலம் குழம்பிப் போய்விடும். அதற்குப் பதிலாக நாமே மேற்கூறிய நோய்களை உருவாக்கக்கூடிய வைரஸ்களை உற்பத்தி செய்து அவற்றைச் சிறிய அளவில் உடலில் செலுத்துவோம். அவை உடலில் சென்றவுடன் யாரோ எதிரி வந்து விட்டான் என்று நோய் எதிர்ப்பு மண்டலம் விழித்துக் கொள்ளும். .

அவனை அழிப்பதற்கு எந்த விதமான தற்காப்பு முயற்சிகளை உருவாக்க வேண்டும் என்பதை ஆலோசித்து அதை உருவாக்கி அந்தக் கிருமிகளைக் கொன்றுவிடும். ஒருமுறை உடலில் செலுத்தப்படும் கிருமியை எப்படி எதிர்கொள்வது என்று தெரிந்து விட்டால், அந்தத் தரவு பத்திரமாக உடலில் இருக்கும். அதனால் நாம் இறக்கும் வரை மீண்டும் அதே கிருமி உடலில் வரும் பொழுது முன்பே தமக்குத் தெரிந்த முறைகளைக் கையாண்டு நோய் எதிர்ப்பு மண்டலம் உடலை காத்துக் கொள்ளும். அதற்காகத்தான் இந்தத் தடுப்பூசிகளை நாம் போட்டுக் கொள்கிறோம்.

ஓ! அப்படி என்றால் கொரோனா வைரஸ் தாக்கி நமது நோய் எதிர்ப்பு மண்டலத்திற்கு உதவி செய்யும் தடுப்பூசியைத் தான் கண்டுபிடிப்பதாகச் செய்திகளில் நாங்கள் பார்க்கிறோமா. ஆம், நீ கூறுவது சரிதான் சில தடுப்பூசிகள் ஆராய்ச்சியில் இருக்கின்றன. முழுக் கட்ட ஆராய்ச்சி முடிந்தவுடன் அவை மனிதனின் பயன்பாட்டிற்கு வரும்.

தடுப்பூசி என்று ஆங்கிலப் பெயரான வேக்சின் (vaccine) எப்படி வந்தது என்று உங்களுக்குத் தெரியுமா?

1796 ஆம் ஆண்டு எட்வர்ட் ஜென்னர் தான் இதைக் கண்டுபிடித்தார். அப்பொழுது மாட்டம்மை வந்தால் அது தட்டமையை வராமல் பாதுகாக்கும் என்ற நம்பிக்கை மக்களிடம் இருந்தது. இதைப் பற்றி ஆராய்ச்சி செய்து கொண்டிருந்த எட்வர்ட் ஜென்னர் பால் கறக்கும் பெண்மணியின் மாட்டமை புண்ணிலிருந்து எடுத்த கிருமிகளை எட்டு வயது சிறுவனின் உடம்பில் செலுத்தினார்.

அதனால் இரண்டு மாத காலம் அந்தச் சிறுவன் உடல்நலம் பாதிக்கப்பட்டு இருந்தான். அதன் பின் அவன் முழுக் குணமடைந்தான். குணமடைந்த அந்தச் சிறுவனின் உடம்பில் அம்மை நோய்க்கான கிருமிகளைச் செலுத்திய பொழுது அது அவனைத் தாக்கவில்லை. இலத்தீன் மொழியில் மாட்டமையின் புண்ணிலிருந்து எடுக்கப்பட்ட மருந்து என்ற பொருள்படும் வகையில் தான் ஆங்கில வார்த்தையான வேக்சின் வந்தது. உலகில் போடப்பட்ட முதல் தடுப்பூசி இதுதான். இதை ஜென்னர் கூறிய பொழுது அதை நிறையப் பேர் நம்ப மறுத்தனர். ஆனால் அடுத்த ஐந்து ஆண்டுகளில் அவர் கூறியது சரிதான், என்று அனைவரும் தடுப்பூசி எடுத்துக் கொள்ள ஆரம்பித்தனர்.

(விலங்குகளில் முதலில் ஆராய்ச்சி செய்யப்பட்டுப் பின்னர் மனிதர்களுக்குச் செலுத்தி ஆராய்ந்த தடுப்பூசிகள் வெற்றிகரமாக மனிதர்களுக்கு 2021 ஆம் ஆண்டின் இறுதியில் கொடுக்கப்பட்டன. உலகின் பல நாடுகளில் தடுப்பூசி கண்டறியப்பட்டது. வீரியத்தைக் கூட்டுவதற்காக 2-3 முறை என்று தடுப்பூசிகளும் எடுத்துக் கொள்ளப்பட்டன)

நோய் எதிர்ப்பு மண்டலத்தைத் தயார்படுத்துவதற்குத் தடுப்பூசி தான் தேவையா? அது மாதிரி சூழ்நிலைகளுக்கு நாம் உள்ளாகும் பொழுது நோய் எதிர்ப்பு மண்டலம் உஷாராகி விடாதா?

நீ கூறுவதும் நடந்து இருக்கிறது. கோச் ஆந்த்ராக்ஸ் கிருமிகள் எப்படிப் பரவுகின்றன என்பதைக் கண்டுபிடித்த 30 ஆண்டுகளுக்கு முன்பு இத்தாலிய உடற்கூறியல் நிபுணர் பிலிப்போ பசினி (Filippo Pacini 1812–1883) காலராவை பற்றி ஆராய்ச்சி செய்து கண்டறிந்தார்.

1854 ஆம் ஆண்டில் காலரா பாக்டீரியான விப்ரியோ காலராவை தனிமைப்படுத்தியதில் மரணத்திற்குப் பின் பிரபலமானவர். விப்ரியோ காலரா எனும் பாக்டீரியா காலரா நோயை உருவாக்குகிறது என்று கண்டறியப்பட்டது.

ஆனால் கல்கத்தாவில் ஒரு குறிப்பிட்ட இடத்தில் வாழும் மக்களுக்குக் கலாரா நோயினால் எந்தப் பாதிப்பும் ஏற்படவில்லை. அதே நேரத்தில் வெளிமாநிலத்திலிருந்து அங்கே வந்து தங்கி அந்த நீரை குடித்த மக்கள் காலரா தாக்கி அவதிப்பட்டனர். இது ஏன் என்று புரியாமல் இருந்தது. இதைப் பற்றி ஆராய்ச்சி செய்த போது காலரா கிருமி உள்ள தண்ணீரை அந்த ஊர் மக்கள் பிறந்தது முதலே குடித்துக் கொண்டிருந்ததால் அதைத் தாங்கி உயிர் வாழக்கூடிய நோய் எதிர்ப்பு மண்டலத்தை அவர்கள் உடல் உருவாக்கிக் கொண்டது. அதனால் அந்தப் பாக்டீரியாவினால் அவர்களுக்குப் பாதிப்பு ஏற்படவில்லை. அதே நேரத்தில் புதிதாக அந்தப் பாக்டீரியாவை தண்ணீரின் மூலம் உட்கொண்ட மனிதர்கள் தாக்கப்பட்டனர் என்பது தெரியவந்தது.

இந்த உலகம் இதுவரை பல நோய்களைப் பார்த்து இருக்கிறது என்று கூறுகிறீர்கள். அனைத்திற்கும் பாக்டீரியா, வைரஸ் போன்ற கிருமிகள் காரணம் என்று கூறுகிறீர்கள். ஏன் இந்தக் கொரோனா வைரஸ் மட்டும் அதி வேகமாகப் பரவுகிறது. நாம் ஏன் இப்படி வீட்டில் அடைந்து இருக்கிறோம்.

கிருமிகள் நீர் மூலமாகவும், தொடுவதின் மூலமாகவும், காற்று மூலமாகவும் ஒரு இடத்திலிருந்து மற்றொரு இடத்திற்குப் பரவுகின்றன. நாம் சுவாசிப்பதற்குக் காற்று மிகவும் அவசியம். மேலும் காற்று இந்தப் புவியின் வளிமண்டலம் முழுவதும் வியாபித்து இருக்கிறது. கொரோனா வைரஸ் காற்றின் மூலம் பரவுவதால் தான் அவை நோய் பரப்பும் வேகம் மற்ற கிருமிகளை விட அதிகமாக இருக்கிறது.

6
தூய்மை பணியாளர்கள்

இப்படிப் பேசிக் கொண்டிருக்கும் போது, அபி அந்த மாட்டுச் சாணங்களை அள்ளி சாணக் குப்பையில் போடுமாறு அவனுடைய மாமா அவன் உதவியை நாடினார். அவர்கள் வீட்டில் நான்கு மாடுகளும் இரண்டு எருமைகளும் இருந்தன. சிறுவயது முதலே அனைவருக்கும் உதவும் நல்ல பழக்கம் அபிக்கு இருந்தது. எந்தக் கடினமான வேலையாக இருந்தாலும் சவாலாக எடுத்துச் செய்வது அவனுடைய பழக்கம். அவற்றின் சாணத்தை ஒவ்வொன்றாக எடுத்து அவை சேகரிக்கப்படும் இடத்தில் கொண்டு போட்டான். அவனுடன் கதை கேட்டுக் கொண்டிருந்த சிறுவர் சிறுமியரும் அவனுக்கு உதவி செய்தனர்.

உலகில் உள்ள குப்பைகளை மக்க செய்வதில் நுண்ணுயிர்களின் பங்கு அளப்பரியது. அதைப் பற்றி உங்களுக்குத் தெரியுமா?

என்ன நுண்ணுயிரிகள் தான் குப்பையை மக்க செய்கின்றனவா?

ஆம். இங்கே நமது தோட்டத்தில் காய்ந்த இலைகளும் சருகுகளும் கிடைக்கின்றன. அதேபோல் கால்நடைகளின் சாணங்களும் கிடைக்கின்றன. இவற்றை நாம் ஒரு இடத்தில் கொட்டி வைக்கும் போது என்ன ஆகிறது.

“இந்தச் சாணங்கள் தான் உரமாக நாங்கள் பயன்படுத்துகிறோம். ஒவ்வொரு வருடமும் இது மாதிரி சாணக் குப்பைகளைச் சேகரித்து வைப்போம். அறுவடை செய்து முடித்த பின் வயக்காட்டில் மஞ்சள், கரும்பு, வாழை எனப் பயிரிடுவதற்கு முன்பாக இந்தக் குப்பைகள் அங்கே கொண்டு செல்லப்படும். அவை காட்டில் போடப்பட்டு மண்ணுடன் கலக்கப்பட்டுப் பின்னர்ச் செடி நட்டால் விளைச்சல் அதிகமாக இருக்கும். இவை உரமாகப் பயன்படும்.”

என்று தனது அப்பா கடந்த முறை செய்த செயல்களைத் தெளிவாகக் கூறினாள் ஒரு சிறுமி.

நீ கூறியது மிகவும் சரிதான். இப்படி மாட்டுச் சாணம் மற்றும் வீட்டு காய்கறி குப்பை ஆகியவற்றை நாம் ஒன்றாகப்

விவசாய குப்பைகள் ஆறு மாதத்தில் நுண்ணுயிரிகளால் மக்கி உரமாக மாறி இருப்பதை காணலாம்

போடும்போது அவற்றை மக்க வைப்பதற்காக அவற்றில் நுண்ணுயிரிகள் உருவாகின்றன. அவை நமக்குத் தேவையில்லாத பொருட்கள் என வகைப்படுத்தப்பட்ட இவற்றை உண்டு மக்க வைத்து தரமான உரமாக மாற்றுகின்றன. ஒரு டன் குப்பை சராசரியாக 100 கிலோ பயனுள்ள உரமாக மாறும்.

இதே போல் தான் உலகில் உருவாகும் பல்லாயிரக்கணக்கான எடையுள்ள குப்பைகளை மக்க வைத்து புவியைச் சேதாரமில்லாமல் காப்பதில் இந்த நுண்ணுயிரிகள் முக்கியப் பங்கு வைக்கிறது.

கடல் தன்னைத்தானே சுத்தம் செய்து கொள்ளும் அதைப் பற்றிக் கேள்விப்பட்டிருக்கிறீர்களா?

இந்தப் புவியில் 71% கடல் நீரினால் சூழப்பட்டுள்ளது. கடல் நீரில் உப்பு அதிகமாக இருக்கும் அதே நேரத்தில் நதிநீர் நன்னீராக இருக்கும். உப்பு நீரில் வாழும் நுண்ணுயிரிகள் நதிநீரில் வாழ்வது சிரமம். அதேபோல் நன்னீரில் வாழும் பாக்டீரியாக்கள் உப்பு நீரில் வாழ்வது சிரமம். அது தனக்கு என்று ஒரு வாழும் சூழ்நிலையைத் தேர்ந்தெடுத்து கொள்வதால் அந்தச் சூழ்நிலை மாறும் பொழுது பெரும்பாலான நுண்ணுயிரிகள் இறந்து விடுகின்றன. விவசாயத்திற்காக எண்ணற்ற உரங்களை நாம் பயன்படுத்துகிறோம். தழைச்சத்து, மணிச்சத்து மற்றும் யூரியாக்களையும் உப்புகளையும் நாம் பயிர்களுக்குக் கொடுக்கிறோம்.

இப்படி அவர்கள் பேசிக்கொண்டே நடந்து கொண்டிருந்தபோது, நெல் வயலில் இருந்த அளவுக்கு அதிகமான நீரை மடை வெட்டி வயலில் இருந்து வாய்க்காலில் வெளியேற்றிக் கொண்டு இருந்தார் அவனுடைய மாமா.

அதைக் குழந்தைகளுக்குக் காண்பித்து, அளவுக்கு அதிகமாகக் கொடுக்கப்படும் சத்துக்கள், பாய்ச்சப்படும் அதிகத் தண்ணீரின் வழியாக வெளியேற்றப்பட்டு, பின்னர் உபரிநீராக வாய்க்காலுக்கு வருகின்றன. அவற்றைத் தான் நாம் உபரி நீர் என்று கூறுகிறோம். அவை மீண்டும் ஆற்றில் கலந்து கடலில் கலக்கின்றன. இப்படிக் கடலில் கலக்கும் நதிநீரில் பாஸ்பேட், நைட்ரஜன் போன்ற உரங்களின் எச்சம் இருக்கும் அது ஒரு மாசு ஆகும். இந்த மாசுகளை உண்டு கடலை சுத்தம் செய்வதும் இந்த நுண்ணுயிரிகள் தான்.

“கால்நடைகளின் கழிவுகளைப் பற்றி விரிவாகக் கூறினீர்கள். காலை சாப்பிட்டது எனக்குச் சரியில்லை” என்று அவசர உபாதைக்காக ஓடினான் ஒரு சிறுவன்.

இதைப் பார்த்துக் கொண்டிருந்த மற்றொருவன், “கால்நடைகளின் சாணத்தை நுண்ணுயிரிகள் மக்க வைக்கின்றன என்று கூறினீர்கள். மனிதனின் மலத்தை இந்த நுண்ணுயிரிகள் மக்க வைக்க உதவுவது இல்லையா?”

அங்கேயும் இவற்றின் உதவி இருக்கிறது. மனித கழிவுகளைச் சேகரிப்பதற்காகச் செப்டிக் டேங் கட்டுவதைப் பார்த்திருக்கிறீர்களா?

நிலத்திற்கு அடியில் அவற்றைக் கட்டுகிறார்கள் அல்லது புதைத்து வைக்கிறார்கள். அதில் இரண்டு அடுக்கு அறைகளை நீங்கள் பார்த்திருக்கலாம். அங்கே காற்று இல்லாத நிலையில் இருக்கும் பாக்டீரியாக்கள் தான் மனித கழிவுகளை மக்க செய்கின்றன. முதலில் இவை நீருடன் கலந்து முதல் தொட்டியில் தங்கும். அங்கு அதை மக்க செய்யக்கூடிய பாக்டீரியாக்கள் மக்கச் செய்யும். அப்படியே அவை மனித கழிவுகளைச் சாப்பிட்டு வாயுக்களை உற்பத்தி செய்கின்றன. இவை ஆக்சிஜன் இல்லாத காற்றில் வாழக்கூடிய பாக்டீரியாக்கள்.

அது எப்படி? இந்தச் செப்டிக் டேங்குகளை ஒரு குழாய் மூலம் காற்றில் இணைத்து இருக்கிறோம். அந்தக் குழாயில் துவாரம் இருக்கிறது. அந்தத் துவாரத்தின் வழியாக வளிமண்டலத்தில் இருக்கும் காற்று மேலும் அதில் உள்ள ஆக்சிஜன் இந்தத் தொட்டிக்கு சென்று விடாதா? பின்னர் நீங்கள் கூறியபடி இந்த நுண்ணுயிரிகள் இறந்து விடாதா? என்று அவர்கள் வீட்டின் பின்புறம் உள்ள நீண்ட குழாயை காண்பித்து விளக்கம் கேட்டான் ஒரு சிறுவன்.

இது ஒரு அருமையான கேள்வி. ஒரு வாயுவின் அடர்த்தியை பொறுத்து எது கீழே இருக்கும் எது மேலே இருக்கும் என்பது முடிவு செய்யப்படுகிறது. செப்டிக் டேங்கில் இருக்கும் பாக்டீரியாக்கள் 50 விழுக்காட்டுக்கும் அதிகமாகக் கரியமிலவாயுவையும் சிறிதளவு மீத்தேன் வாயுவையும் வெளியிடுகின்றன. கரியமில வாயுவின் அடர்த்தி வளிமண்டல அடர்த்தியை விட 50 விழுக்காடு அதிகமாகும். அதாவது காற்றின் அடர்த்தி 1.28 g/cc அதே நேரத்தில் கரியமில வாயுவின் அடர்த்தி 1.98 g/cc.

கரியமில வாயு என்றால் கார்பன் டை ஆக்சைடு தானே என்று நகரத்தில் ஆங்கிலப் பள்ளியில் படித்துக் கொண்டிருந்த சிறுமி உறுதி செய்து கொண்டாள்.

அதன் தமிழ் பெயர் தான் என்று விளக்கம் அளித்துவிட்டு அபி தொடர்ந்தான். செப்டிக் டேங்க் முழுவதும் கரியமில வாயுவால் நிரம்பி இருக்கும். அதனால் அந்தத் தொட்டியில் குறிப்பிட்ட அழுத்தம் வரும் பொழுது அதிகப்படியாக இருக்கும் வாயு, வெளியேறுவதற்காக அமைக்கப்பட்டுள்ள குழாய்கள் தான் அவை. அதிலிருந்து வாயுக்கள் வெளிவரும் போது தான் நாம் துர்நாற்றத்தை சுவாசிக்க நேர்கிறது. அதிக உயரத்தில் அவை அமைக்கப்பட்டு இருப்பதால் அவை காற்றில் கலந்து விடுகின்றன. அடர்த்தி அதிகமான கரியமில வாயு மனிதக் கழிவுகள் நிரப்பப்பட்டுள்ள தொட்டியில் இருப்பதால் அடர்த்திக் குறைவான வளிமண்டல காற்றால் உள்ளே செல்வது இயலாத காரியம் ஆகும்.

செப்டிக் டேங்கில் உள்ள பாக்டீரியாக்களுக்கு உதவும் வகையில் நுண்ணுயிரிகளை அதன் உள்ளே அனுப்பியும் மக்கவைப்பது துரிதப்படுத்தப்படுகிறது.

மனித கழிவுகள் தொட்டியில் இருந்து வரும் வாயு துர்நாற்றம் உள்ளதாக இருக்கிறது. இங்கே வாருங்கள் நான் உங்களுக்கு ஒன்று காட்டுகிறேன் என்று பக்கத்துத் தோட்டத்தில் இருந்த சாண எரிவாயு (Bio Gas) கலனை ஒரு சிறுமி காண்பித்தாள். நாங்கள், எங்கள் வீட்டு மாட்டுச் சாணத்தை உரமாக மாற்றுவதற்குப் பதிலாக இங்கே உள்ள இந்தத் தொட்டியில் கரைத்து விடுவோம். அது தொட்டிக்குள் சென்று விடும். தினமும் இப்படிக் கால்நடைகளின் சாணங்களை அதில் போடுவோம் என்று விளக்கம் கொடுத்தாள்.

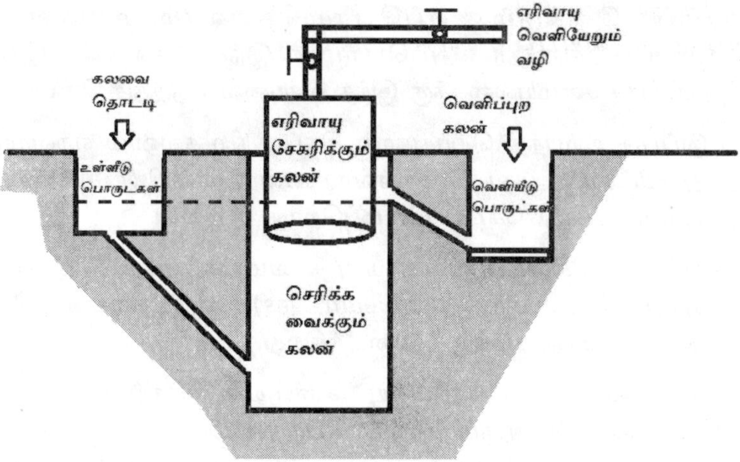

சாண எரிவாயு கலன் வேலை செய்யும் தோற்றம்

கால்நடைகளின் சாணம் மட்டுமல்லாமல் மீதமாகும் உணவுப் பொருட்களையும் அதில் போடும் பொழுது அவையும் மக்கி விடுகின்றன. மேலும் அவற்றிலிருந்து, வீட்டில் அடுப்பு எரிப்பதற்குத் தேவையான எரிவாயு கிடைக்கிறது. இங்கே நுண்ணுயிர்கள் இருக்கிறதா? என்ற ஐயத்தைத் தெரியப்படுத்தினாள்.

நிச்சயமாக இந்தத் தொட்டிக்குள்ளும் நுண்ணுயிரிகள் இருக்கின்றன. அவை தான் நீ அதில் போடும் பொருட்களை மக்க வைத்து அதற்குப் பதிலாக எரிவாயுவை உற்பத்தி செய்கின்றன. ஒவ்வொரு வகையான நுண்ணுயிரியும் எந்தவிதமான பொருட்களைச் சாப்பிடுகின்றன, அதன் தன்மை என்ன என்பதைப் பொறுத்து அது வெளியிடும் வாயுக்கள் மாறுகிறது. சாண எரிவாயு கலனில் இருக்கும் பாக்டீரியாக்கள் சாணம் மற்றும் காய்கறி குப்பைகளை மக்க வைத்த பிறகு மீத்தேன் வாயுவை 60 விழுக்காடு வெளியிடுகின்றன. இந்த வாயுதான் உங்கள் வீட்டில் அடுப்பு எரிவதற்காகப் பயன்படுத்தப்படுகிறது.

உணவுக் கழிவுகள் மற்றும் கால்நடை கழிவுகள் ஆகியவற்றை நுண்ணுயிரிகளின் துணைகொண்டு மக்க வைத்து அதில் இருந்து எரியக்கூடிய வாயுவை உற்பத்தி செய்தால் அந்த வாயு உயிரி எரிவாயு (*Bio Gas*) என்கிறோம். இங்கே உயிர் என்பது நுண்ணுயிரிகளால் உருவாக்கப்பட்டது என்று பொருள்படும்.

சாண எரிவாயுக் கலனில் மேல் புறத்தில் இந்த மீத்தேன் வாயு நிரம்பி இருக்கும். எப்பொழுதெல்லாம் உங்களுக்குத் தேவைப்படுகிறதோ, அப்பொழுது இந்தக் கலனில் இருந்து நேரடியாகச் சமையலறைக்கு இந்த வாயுவை எடுத்துச் செல்லலாம்.

இப்படி உற்பத்தி செய்துதான் சிகப்பு நிற கலனில் எரிவாயுகள் நமது வீட்டை அடைகின்றனவா? என்று எல்பிஜி சிலிண்டரை தட்டிக் கொண்டு கேட்டான் மற்றொரு சிறுவன்

வீட்டிற்குக் கிடைக்கும் எரிவாயு திரவமாக்கப்பட்ட பெட்ரோலிய வாயு (LPG Liquefied petroleum gas). குருடாயிலை பிரித்து எடுக்கும் போது நமக்குக் கிடைக்கிறது.

ஆனால் சாண எரிவாயு சமையல் செய்யும்பொழுது மெதுவாகத்தான் ஆகும் சற்றுப் பொறுமையாக இரு என்று என் அம்மா ஏன் கூறுகிறார்? என்று கேட்டாள் முதலில் கேள்வி எழுப்பிய சிறுமி.

எல்பிஜி மற்றும் உயிரி எரிவாயு ஆகிய இரண்டும் எரிபொருள்தான். ஆனால் அதில் எரிவதற்குத் தேவையான வாயுக்கள் வேறுபடும். எல்பிஜியில் புரொபேன் மற்றும் பியூட்டேன் இருக்கும். அதே நேரத்தில் சாண எரிவாயுவில் மீத்தேன் இருக்கிறது. வெப்ப உள்ளிட்டு அளவு (calorific value) உயிரி எரிவாயுவில் 25 லிருந்து 30 விழுக்காடு குறைவு. அதனால் தான் அதிலிருந்து கிடைக்கும் எரிவாயுவில் சமையல் செய்யும்போது நேரம் அதிகமாகிறது என்று உன் அம்மா கூறுகிறார்.

பாலைப் பற்றி நீங்கள் கூறிய பொழுது ஏன் குளிர்சாதன பெட்டியில் வைக்கப்படும் பால் கெட்டுப் போவதில்லை என்று கேட்க மறந்து விட்டேன். குளிர்சாதன பெட்டியில் உள்ளே வைக்கும் பொழுது நுண்ணுயிரிகள் தாக்குதல் எப்படி இருக்கும். ஏன் வெளியில் வைக்கப்படும் உணவுப் பொருள் விரைவில் கெட்டுப் போகிறது. குளிர்சாதனப்பெட்டி நுண்ணுயிரிக்கு எதிரியா?

காற்றில் எண்ணற்ற நுண்ணுயிரிகள் இருக்கின்றன. நாம் ஏதாவது உணவு பொருளை வெளியில் வைத்திருக்கும் பொழுது அவற்றில் நுண்ணுயிரிகள் முதலில் வருகின்றது. பின்னர்ப் பல்கிப் பெருகி அந்தப் பொருள் கெட்டுப் போவதற்கு முக்கியக் காரணமாகிறது. ஆனால் வெப்பநிலை குறைவாக இருக்கும் பொழுது அங்கே பாக்டீரியாக்கள் பல்கிப் பெருகும் வேகம்

குறைகிறது. அதனால் தான் வெப்பநிலை குறைவாக இருக்கும். குளிர்சாதனப்பெட்டியில் வைக்கப்படும் பொருட்கள் கெட்டுப் போவது தவிர்க்கப்படுகிறது.

அங்கேயும் சில நாட்கள் ஆகும் பொழுது பொருட்கள் கெட்டுப் போக வாய்ப்பு இருக்கிறது. பாக்கெட்டில் அடைக்கப்பட்டுள்ள தயிர் குளிர்சாதன பெட்டியில் வைக்கப்பட்டால் ஏழு நாட்கள் வைத்திருக்கலாம். அதே நேரத்தில் வெளியில் இருந்தால் இரண்டு நாட்கள் தான் வைத்திருக்கலாம் என்ற அறிவிப்பை நான் பார்த்திருக்கிறேன் என்றான் ஒரு சிறுவன்.

நீ கூறுவது முற்றிலும் சரிதான். குளிர்சாதன பெட்டியில் வைத்திருந்தால் அதன் ஆயுட்காலம் எவ்வளவு, சாதாரணமாக வைக்கப்படும் போது அதன் ஆயுட்காலம் எவ்வளவு? என்ற வரையறை பொருட்களுக்கு இப்படித்தான் வகுக்கப்பட்டுள்ளது.

அப்படி என்றால் குளிரான பிரதேசத்தில், விவசாய மற்றும் மனித கழிவுகளை நுண்ணுயிரிகளால் மக்க வைப்பதற்குச் சிரமம் இருக்குமா?

குளிரான இடங்களில் மனிதக் கழிவுகளை மக்க செய்வது மிகவும் கடினமான வேலையாகும். எவரெஸ்ட் போன்ற பனிப் பகுதிகளிலும், இமயமலையின் பகுதிகளிலும் வாழும் மக்களுக்கும் ராணுவத்தினருக்கும் அவர்களுடைய கழிவுகளை மக்க செய்வது சவாலாக இருந்தது. இயற்கையாகவே நுண்ணுயிரிகளை உருவாக்கி மக்க செய்வதற்கு வாய்ப்புகள் குறைவு என்பதால், பொருள்களை மக்க வைக்கத் தேவையான நுண்ணுயிரிகளைத் தயார் செய்து அதற்கெனப் பிரத்தியேகமாகச் செய்த கலனில் இந்தக் கழிவுகள் சேரிக்கும் போது உயிரி முறையில் மிக விரைவாகக் கழிவுகள் மக்க செய்யப்படுகின்றன.

சில ஆண்டுகளுக்கு முன்பு, நான் ஒரு முறை நாகர்கோயில் ரயில் நிலையத்திற்குச் சென்ற பொழுது உயிரி தொழில்நுட்பத்தில் கழிவறை என்று ஒன்றை நடைமேடையில் காட்சிக்கு வைத்திருந்தார்கள். பிளாஸ்டிக் போன்ற பொருட்களை ஏன் அதில் போடக்கூடாது என்று விளக்கப்பட்டிருந்தது. அங்கே நுண்ணுயிரிகளின் உதவி நடைபெறும் அல்லவா?

முன்பு இந்திய தொடர் வண்டிகளில் இருந்து மனிதக்கழிவுகள் நேரடியாகத் தண்டவாளத்தில் கொட்டப்பட்ட நிலை இருந்தது.

இந்திய ரயில்வேயில் உபயோகிக்கப்படும் உயிரி கழிவறைகள். சுவர்களின் தடுப்புகளில் பாக்டீரியாக்கள் கொடுக்கப்பட்டிருக்கும்.

அதைச் சுத்தம் செய்வதற்குச் சிரமமும், அதனால் சுகாதாரச் சீர்கேடுகளும் எண்ணிப் பார்க்க முடியாத அளவில் இருந்தன. அதன் பின்னர் உயிரி தொழில்நுட்பத்திலான பயோ டாய்லெட் இப்பொழுது எல்லாத் தொடர்வண்டிகளிலும் பொருத்தப்பட்டுள்ளது. அது மட்டுமல்லாமல் கழிவுகள் நேரடியாக இருப்புப் பாதையில் விழுவதால், இரும்பு கொண்டு செய்யப்பட்ட இருப்புப் பாதைகள் துருப்பிடித்து அதனுடைய ஆயுட்காலமும் பாதிக்கப்பட்டது.

உயிரி தொழில்நுட்பம் வந்த பிறகு இந்திய தொடர் வண்டிகளில் பயோ டாய்லெட்டுகள் நிறுவப்பட்டுள்ளன. இதில் மனிதக் கழிவுகள் உள்ளீடாக எடுக்கப்பட்டு அவற்றை நுண்ணுயிரிகளின் துணைகொண்டு நீராகவும் வாயுவாகவும் மாற்றப்படுகிறது. இதன் மூலம் நாளொன்றுக்கு 4000 டன் மனித கழிவுகள் தண்டவாளத்தில் கொட்டப்படுவதை இந்திய ரயில்வே தடுத்திருக்கிறது என்பது ஆச்சரியம் தரும் செய்தியாகும்.

அங்கே நுண்ணுயிரிகள் மக்க வைக்க உதவுகின்றன. நுண்ணுயிரிகளால் மக்க வைக்க முடியாத அல்லது நுண்ணுயிரிகளைப் பாதிக்கக்கூடிய சோப்பு போன்ற வேதிப்பொருட்களை அதில்

போடக்கூடாது என்பதை மக்களுக்குத் தெளிவுபடுத்த அதை வைத்திருந்தார்கள்.

நமது செப்டிக் டேங்கில் இருப்பது போல் காற்று இல்லாமல் வாழும் பாக்டீரியாக்களைக் கொண்டு தொடர் வண்டியில் பொருத்தப்பட்டுள்ள இந்த அமைப்பு மனிதக் கழிவுகளைத் தண்ணீராகவும் உயிர் வாயுவாகவும் மாற்றுகிறது. இந்த மீத்தேன் மற்றும் கரியமில வாயு வளிமண்டலத்தில் வெளியேற்றப்படுகிறது. கழிவில் இருந்து பெறப்படும் நீர் குளோரின் கலப்பிற்குப் பிறகு பாதிப்பில்லாத உபரிநீராக வெளியேற்றப்படுகிறது.

இப்படி மக்க வைக்கப்படும் கழிவுகளில் இருந்து வெளியிடப்படும் தண்ணீர் மிகவும் சுத்தமானதாக இருக்கிறது. அவற்றை மறு பயன்பாட்டுக்குப் பயன்படுத்த முடியும்.

கழிவுகள் மட்டுமல்ல, பூமியில் மனிதனால் உருவாக்கப்படும் பலவிதமான குப்பைகளை மக்கச் செய்து பூமியின் சிறத்தன்மையைப் பாதுகாப்பதில் நுண்ணுயிர்கள் முக்கியப் பங்கு வகிக்கின்றன. கடலில் இருந்து எடுக்கப்படும் குருடாயில் கடல் வழியாக ஒரு நாட்டில் இருந்து மற்றொரு நாட்டிற்குக் கப்பலில் கொண்டு செல்லும்போது கசிந்து கடலில் கலந்து விடுகின்றன. அப்படிக் கலக்கும் மாசுகளைக் கடலில் உள்ள நுண்ணுயிரிகள் தான் சாப்பிட்டு மக்க வைக்கின்றன.

பொருளை மக்க வைப்பது என்றால் கரிம பொருட்கள் முதலில் சிறு சிறு துகள்களாக மாற்றப்படுகிறது. அவற்றை நீராகவும் வாயுக்களாகவும் மாற்றுவது பாக்டீரியாவின் வேலை இப்படித்தான் மலை போல் இருக்கும் குப்பைகள் சிறிய அளவாக மாற்றப்படுகின்றன.

கழிவுநீரில் காற்றோட்டம் என்பது அதில் உள்ள கழிவுகளைக் குறைக்கும் ஒரு வகையாகும். இந்தக் காற்றேற்ற முறையில் அதில் கலந்துள்ள ஹைட்ரஜன் சல்பைட், அம்மோனியா மற்றும் மீத்தேன் ஆகியவை வெளியேற்றப்படுகின்றன. உயிரி நீர் வடிகட்டியில் நுண்ணுயிரிகளின் துணைகொண்டு பெரிய மூலக்கூறுகள் உடைக்கப்பட்டு எந்தவித வாசமும் இல்லாமல் துர்நாற்றமும் இல்லாமல் மாசுபட்ட நீர் சுத்தப்படுத்தப்படுகிறது.

கழிவு நீரை சுத்தம் செய்வதில் நுண்ணுயிரிகளின் பங்கு அளவிட முடியாதது. காற்றில்லா சூழ்நிலையில் அவை நீரில்

கலந்துள்ள கழிவு பொருட்களை மக்கவைத்து நோய் விளைவிக்கக் கூடிய கிருமிகளைக் கொன்று சுத்தமான நீரை உருவாக்குவதில் முக்கியப் பங்காற்றுகின்றன.

இது எல்லாம் தெரியாமல் நாம் தான் வீட்டை சுத்தமாக வைத்துக் கொண்டிருக்கிறோம் என்று நினைத்து விட்டோம். மனிதர்கள் அல்ல உண்மையான துப்புரவு பணியாளர்கள் இந்த நுண்ணுயிரிகள் தான் புவியின் உண்மையான துப்புரவு தொழிலாளர்கள் என்பது இன்று தெளிவாகப் புரிந்தது என்றனர் சிறுவர்கள்.

7

மனிதனும் நுண்ணுயிரியும்

தூணிலும் இருப்பான் துரும்பிலும் இருப்பான் என்று நீங்கள் கூறியது போல் மனிதனின் உடலில் நுண்ணுயிரிகள் இருக்கின்றனவா? அவை எப்படி நமக்கு உதவி செய்கின்றன. நான் அன்று மண்ணில் விளையாண்டு கொண்டிருந்த பொழுது எனது கையில் இருந்த நுண்ணுயிரி எனது விரல்கள் மூலமாக வாய்க்குள் சென்றிருக்கும் அல்லவா.

மனித உடலில் ஒன்றிலிருந்து மூன்று விழுக்காடு எடை நுண்ணுயிரிகளின் எடை தான். சுமார் ஒரு கிலோ எடை மட்டும் இருக்கும் இந்த நுண்ணுயிரி நமது வாழ்க்கை சுகமாக நடைபெறுவதற்கு மிகவும் முக்கியம். நீ சாப்பிடும் உணவு எப்படி ஜீரணம் ஆகிறது என்று உனக்குத் தெரியுமா?

இது எங்கள் பாடத்தில் வந்திருக்கிறது. நாம் சாப்பிடும் உணவு வயிற்றில் குடலுக்குச் செல்கிறது. அங்கே ஹைட்ரோ குளோரிக் அமிலம் சுரக்கிறது. அந்த அமிலம் தான் நமது உணவை செரிமானம் செய்ய உதவுகிறது சரிதானே என்றான்.

இதில் பாதி தான் சரி. அது மட்டும் இருந்தால் போதாது குடலில் உள்ள நுண்ணுயிரிகள் தான் நமது உணவை செரிக்க வைக்க உதவுகின்றன. அது உனக்குத் தெரியுமா?

ஆயிரம் வகையான பாக்டீரியாக்கள் நமது குடலில் உள்ளன. இந்தப் பாக்டீரியாக்கள் தான் நாம் உண்ணும் உணவை செரித்து நமக்குச் சக்தியாக மாற்றுகின்றன. இவை வேலை செய்யவில்லை என்றால் வயிற்று வலி வயிற்றுப்போக்கு ஆகியவை ஏற்படும்.

“அது எப்படி நாம் ஒவ்வொருவரும் நமக்குப் பிடித்தமான உணவை சாப்பிடுகிறோம். சிலர் காய்கறிகளை மட்டும் உண்ணுகின்றனர். சிலர் கோழி, ஆடு என்று அசைவ பிரியர்களாக இருக்கின்றனர். சிலர் பழங்களை மட்டும் உண்டு வாழ்கின்றனர். அப்படி இருக்கும் பொழுது எப்படி வயிற்றில் ஒரே விதமான பாக்டீரியாக்கள் இருக்க முடியும்” என்றாள் ஒரு சிறுமி.

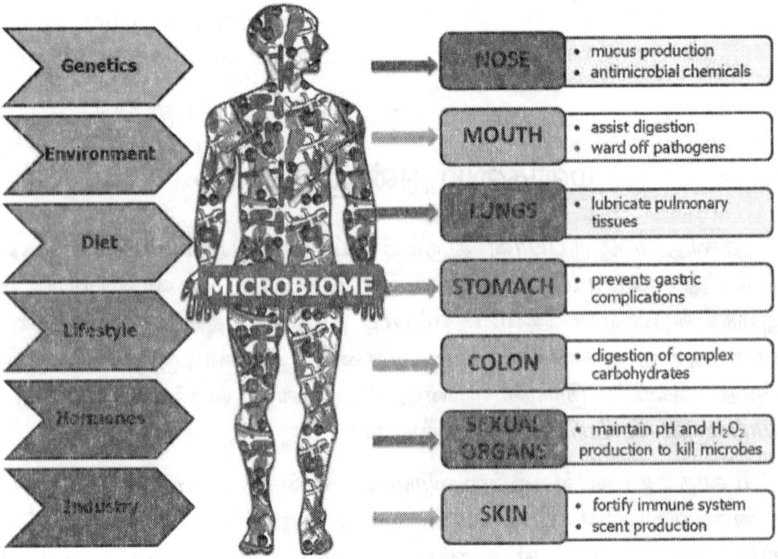

மனித உடலில் உள்ள நுண்ணுயிரிகள்

நம்முடைய உணவு பழக்க வழக்கங்களுக்கு ஏற்ப நமது வயிற்றில் இருக்கும் நுண்ணுயிரிகளும் மாறுபடும். வழக்கமாக நாம் சாப்பிடும் உணவை தவிர்த்துப் புதிதாக ஏதாவது உணவை நாம் சாப்பிடும் பொழுது சிலருக்கு ஒத்துக் கொள்ளாமல் போவது உங்களுக்குத் தெரியுமா? என்றான் அபி.

“கடந்த முறை நான் சென்னை சென்றிருந்த பொழுது அங்கே இத்தாலிய உணவு என்று ஒன்றை வாங்கிச் சாப்பிட்டேன். ஆனால் அது என் உடலுக்கு ஒத்துக்கொள்ளவில்லை, அடுத்த நாள் வயிற்றுப்போக்காக இருந்தது” என்றான் ஒருவன்.

“நாங்கள் சுற்றுலா சென்ற பொழுது கடையில் உணவு அருந்திவிட்டு உணவு விஷமாக மாறிவிட்டது என்று என் நண்பன் அவதிப்பட்டது எனக்கு ஞாபகம் இருக்கிறது” என்று தனது கல்வி சுற்றுலாவை நினைவு கூர்ந்தான் மற்றொருவன்.

இது எல்லாமே வயிற்றில் உள்ள பாக்டீரியாக்களினால் தான் என்றால் உங்களால் நம்ப முடிகிறதா? இதைக் கேட்ட அனைவரும் ஆச்சரியப்பட்டனர். ஒரே விதமான உணவை நீங்கள் உண்டாலும், ஒருவருக்கு அதனால் உபாதைகள் ஏற்படலாம், மற்றொருவருக்கு அதனால் உபாதைகள் ஏற்படாது. ஏனென்றால் நமது வயிற்றில் ஒரு குறிப்பிட்ட சூழ்நிலையில் பாக்டீரியாக்கள் வாழ்ந்து

கொண்டிருக்கின்றன. நாம் உண்ணும் உணவிற்கு ஏற்ப அங்கே வாழும் பாக்டீரியாக்களின் எண்ணிக்கையும் வகையும் மாறுபடும்.

அதனால் நாம் சாப்பிடும் உணவை ஜீரணிக்கக் கூடிய, செரிமானம் செய்யக்கூடிய பாக்டீரியாக்கள் வயிற்றில் இருக்கும் பொழுது அந்த விதமான உணவுகளைச் சாப்பிட்டால் ஒன்றும் ஆகாது. உங்கள் வகுப்பில் ஒவ்வொருவரும் மதிய உணவை அவரவர் வீட்டில் இருந்து கொண்டு வருகிறீர்கள். அவரவர் வீட்டில் சமைக்கப்படும் உணவு வேறுபடும். அதையே பல ஆண்டுகள் சாப்பிடுவதால் அதற்கு ஏற்றார் போல் ஒவ்வொரு மாணவனின் வயிற்றிலும் பாக்டீரியாக்கள் வளர்ந்து இருக்கும். கல்வி சுற்றுலா சென்ற பொழுது அனைவரும் ஒரே உணவை உண்டீர்கள். அதனால் அந்த உணவு ஒரு சிலருக்குப் பிரச்சனை இல்லை. ஆனால் ஒரு சிலருக்குப் பிரச்சனை வந்துவிட்டது.

“என் நண்பன் அவர்கள் வீட்டில் வாரம் ஒரு முறை பிரியாணி சாப்பிடுவான். ஆனால் அவன் கடையில் வந்து என்னுடன் பிரியாணி சாப்பிட்ட போதும் அவனுக்கு உணவு ஒத்துக் கொள்ளாமல் போய்விட்டதே. அது எப்படி. உங்கள் கூற்றின் படி பிரியாணி அடிக்கடி சாப்பிட்டதால் அவன் உடலில் பிரியாணியை ஜீரணம் செய்யக்கூடிய நுண்ணுயிரிகள் இருந்திருக்க வேண்டுமே?” என்று புத்திசாலித்தனமாகக் கேட்டான் ஒரு சிறுவன்.

உணவு ஒன்றுதான் என்றாலும் இனாமாகக் கிடைக்கிறது என்று அளவுக்கு அதிகமாக உண்ணும் பொழுது அது நமது வயிற்றில் உள்ள நுண்ணுயிரிக்கு வேலைப்பளுவை அதிகரிக்கிறது.

அதனால் ஜீரணம் செய்யக்கூடிய பாக்டீரியாக்கள் தனது படையைக் கூட்ட முயலும். அதே நேரத்தில் நீ அளவுக்கு அதிகமாக உண்டு விட்டாய் இதற்கு மேல் எங்களால் ஜீரணிக்க முடியாது என்றும் பாக்டீரியாக்கள் முடிவு எடுக்கலாம். இப்படி வயிற்றில் உள்ள பாக்டீரியாக்கள் முடிவெடுத்தால் அது வயிற்றுப்போக்காக மாறுகிறது. நாம் எப்பவும் சாப்பிடும் உணவை சாப்பிட்டாலும் அளவுக்கு அதிகமாகும் பொழுது இந்தப் பிரச்சனை வருகிறது. அதனால் நமக்குத் தேவையான உணவை மட்டும் தான் நாம் உண்ண வேண்டும்.

பால் தயிராவதற்கு நுண்ணுயிரி தான் காரணம் என்று எனது பாடத்தில் படித்தேன் அது எப்படி நுண்ணுயிரி காரணமாகும்.

லாக்டோபேசிலஸ் பாக்டீரியா (Lactobacillus Bacteria) என்ற பாக்டீரியா பாலில் கலக்கும் பொழுது அது பாலை தயிராக மாற்றுகிறது. அதைத்தான் நீ பாடத்தில் படித்து இருப்பாய். இந்தப் பாக்டீரியா தயிரிலும் மோரிலும் இருப்பதால் தயிர் சாதம் சாப்பிடும் பொழுது ஜீரணமாவதற்கு இவை உதவி புரிகின்றன. அதனால் தான் தயிர் சாதம் பிடிக்காது என்று கூறாமல் கண்டிப்பாக அதைச் சாப்பிட வேண்டும் என்று வீட்டில் உள்ள அம்மாக்கள் கூறுகின்றார்கள்.

அப்போது அங்கே விளையாடிக் கொண்டிருந்த தன் தங்கையை அழைத்து ஒரு சிறுவன் கூறினான், “என் தங்கை எப்பொழுதும் தயிர் சாதமாகச் சாப்பிட்டுக் கொண்டே இருக்கிறாள். தயிர் என்றால் அவளுக்கு உயிர். எங்கள் வீட்டில் மாடும், எருமையும் இருப்பதால் கட்டித் தயிர் என்று தினமும் ஒரு லிட்டர் தயிர் சாப்பிடுகிறாள். எனக்குத் தெரிந்து இவள் சாப்பிட்ட தயிரை விற்று இருந்தால் இந்நேரம் எங்கள் அப்பா ஒரு கார் வாங்கி இருப்பார் என்று நினைக்கிறேன். இப்படியே தயிர்சாதம் மட்டும் சாப்பிட்டுக் கொண்டிருந்தால் பிரச்சனை வந்து விடாதா?” என்றான்.

ஒரே விதமான உணவை நாம் சாப்பிட்டுக் கொண்டிருக்கும்போது அந்த உணவை செரிமானம் செய்வதற்கான பாக்டீரியாக்கள் வயிற்றில் உருவாகும். மற்ற வகையான உணவுகள் எதுவும் வராத பட்சத்தில் அந்த உணவை ஜீரணிக்க வேண்டிய அவசியம் இல்லை என்று மற்ற பாக்டீரியாக்களின் எண்ணிக்கை குறையத் தொடங்கும். இப்படித் தயிர் சாதமே சாப்பிட்டுக் கொண்டிருந்து திடீரென்று ஒரு நாள் காரம் அதிகமான, பல்சுவை உணவை சாப்பிட தொடங்கும் பொழுது அவற்றை ஜீரணிக்கக் கூடிய சக்தி இல்லாமல் பிரச்சனை வருவதற்கான வாய்ப்புகளும் இருக்கிறது.

அதனால் சரிவிகித உணவே சாலச் சிறந்தது. சிலருக்கு பால் குடித்தால் பிரச்சனை என்று கேள்விப்பட்டிருப்பீர்கள். பாலில் உள்ள வேதிப்பொருட்களை ஜீரணிக்கக் கூடிய ஆற்றல் கொண்ட பாக்டீரியாக்கள் வயிற்றில் இல்லாதவர்களுக்கு அந்த விதமான பிரச்சனைகள் வந்துவிடும்.

உள்ளூரில் கிடைக்கும் காய்கறி பழ வகைகளைச் சாப்பிட வேண்டும். மேலும் அந்தந்த காலத்தில் கிடைக்கும் உணவு பொருட்களை உண்பது நல்ல பழக்கம் என்று எனது தாத்தா அடிக்கடி கூறுகிறாரே அதில் எந்த அளவு உண்மை இருக்கிறது?

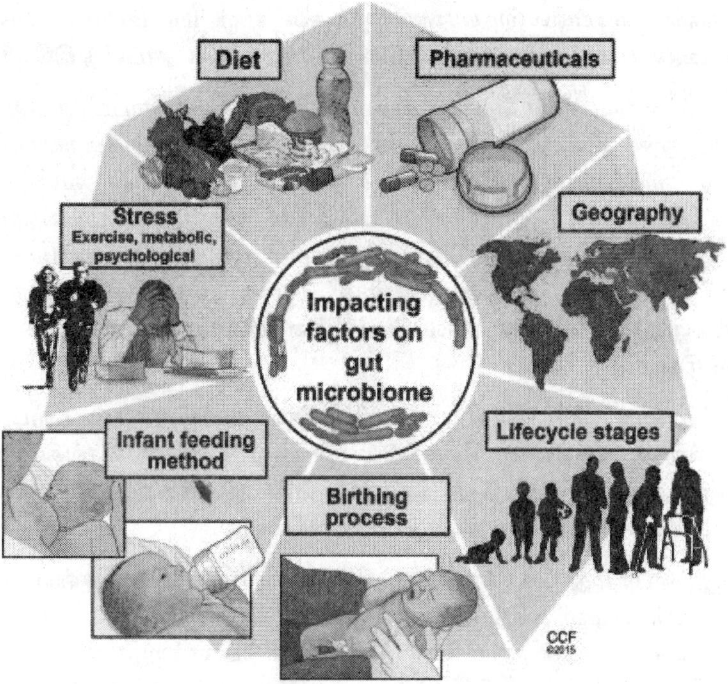

மனிதர்களுக்கு இடையே உணவை செரிப்பதற்காக வயிற்றில் உருவாகும் நுண்ணுயிரிகள் வேறுபடுவதற்கான காரணிகள்

நமது ஊரில் கிடைக்காமல் வெளியூரிலிருந்து வரும் காய்கறிகள் பழங்கள் ஆகியவற்றைக் கொண்டுவர சில மணி நேரங்களில் இருந்து சில நாட்கள் ஆகும். இந்தப் பொருட்கள் கெட்டுப் போகாமல் இருக்க அதன் மீது வேதிப்பூச்சுகள் கொடுக்கப்படுகின்றன. நுண்ணுயிரிகள் பாதிக்காமல் இருப்பதற்குத் தான் இந்த முறை கையாளப்படுகிறது. இவை நுண்ணுயிரிகளுக்கு மட்டுமல்ல மனிதனுக்கும் பல நேரம் தீங்கு விளைவிக்கின்றது. எந்த ஒரு பொருளை நுண்ணுயிரியால் சாப்பிட முடியவில்லையோ அதை மனிதனாலும் சாப்பிட முடியாது. அதனால் தான் நாம் வசிக்கும் பகுதியில், செடியில், மரத்திலிருந்து கிடைக்கும் உணவு வகைகளை உண்ணும் பொழுது இது போன்ற பிரச்சனைகளுக்கு உள்ளாகாமல் இருப்போம். அதனால் உனது தாத்தா கூறியது முற்றிலும் சரிதான்.

இந்த வயிற்றில் இருக்கும் பாக்டீரியாக்கள் தான் நாம் உண்ணும் உணவை ஜீரணிக்கின்றன என்பது நீங்கள் கூறுவதில் இருந்து

புரிந்தது. ஆனால் இந்த வயிற்றுக்குள் யார் பாக்டீரியாக்களைக் கொண்டு வைத்தார்கள். அவற்றை நாம் எங்கே சாப்பிடுகிறோம்.

நாம் என்ன தான் பொருட்களைச் சுத்தம் செய்து சாப்பிட்டாலும், நமது கை, உணவு என்று பல இடத்திலிருந்து பாக்டீரியாக்கள் நமது வயிற்றுக்குச் சென்றடைகின்றன. அம்மாவின் வயிற்றில் இருக்கும்போது அம்மாவின் உடலில் இருந்து குழந்தையின் வயிற்றுக்குத் தொப்புள் கொடி மூலமாக இந்தப் பாக்டீரியாக்கள் வரத் தொடங்கி விடும். ஆனால் இவை வெளியில் இருந்து வயிற்றுக்குள் சென்று சகவாழ்வு முறையில் மனிதனுக்கு உதவி செய்கின்றன.

எத்தனை விழுக்காடு பாக்டீரியாக்கள் வயிற்றுக்குள் உற்பத்தி ஆகின்றன. எத்தனை வெளியில் இருந்து உள்ளே செல்கின்றன என்ற ஆராய்ச்சி நடந்து கொண்டுதான் இருக்கிறது. இதுவரை துல்லியமான கணக்கு கண்டுபிடிக்கவில்லை.

இப்பொழுது கொரோனா காலமாகியதால் எங்கே சென்றாலும் கையைக் கழுவி விட்டுச் செல்லுமாறு கூறுகிறார்கள். அதனால் கையில் உள்ள நுண்ணுயிரிகள் கொல்லப்படும் என்று கூறுகிறார்கள். அப்படி என்றால் கையில் இருந்து வயிற்றுக்குச் செல்ல வேண்டிய நுண்ணுயிரிகளும் இறந்துவிடும் அல்லவா.

மருத்துவமனையில் ஒரு மணி நேரத்திற்கு ஒருமுறை தரையைச் சுத்தம் செய்கிறார்கள். அங்கே அறைகளும் பொருட்களும் பளபள என்று சுத்தமாக இருக்கின்றன. அங்கே எந்த ஒரு நுண்ணுயிரியும் இருக்க வாய்ப்பு இல்லையே. அது போன்று எப்பொழுதும் தூய்மையாக இருக்கும் வீட்டில் வாழும் குழந்தைகளுக்கு எப்படி வெளியில் இருந்து பாக்டீரியா வயிற்றுக்குச் செல்லும்.

நாம் தரையை மட்டும் தான் சுத்தப்படுத்த முடியும். தரை மட்டுமல்ல சுவர்கள் காற்று ஆகிய இடத்திலும் பாக்டீரியாக்கள் இருக்கின்றன. அதைவிட நாம் உண்ணும் உணவிலும் இருக்கிறது. என்ன தான் ஆப்பிள் பழத்தை மேலே சுத்தம் செய்து எடுத்தாலும் ஆப்பிளுக்குள்ளும் நுண்ணுயிரிகள் இருக்கும். அதனால் உணவின் மூலமும் நுண்ணுயிரிகள் நமது வயிற்றை அடைகின்றன. மிகுந்த சுத்தமான இடத்தில் வாழ்வதால் நோய் பரப்பக்கூடிய கிருமிகளைக் கொல்வதற்கு அது வாய்ப்பாக இருக்கிறது.

வயிற்றில் மட்டும் தான் நுண்ணுயிரிகள் இருக்கின்றனவா? வேறு இடத்தில் இல்லையா?.

நமது வாயிலும் எண்ணற்ற நுண்ணுயிரிகள் இருக்கின்றன. சாப்பிட்டுவிட்டு தூசு துகள்கள் பல்லின் இடுக்குகளில் ஒட்டிக் கொண்டிருக்கும் போது பல்விலக்கி அதை நாம் அப்புறப்படுத்த வேண்டும். அப்படிச் செய்யவில்லை என்றால் அந்தப் பொருட்கள் வாயில் உள்ள பாக்டீரியாக்களுக்கு உணவாக மாறி, நுண்ணுயிரிகள் அதைச் சாப்பிட்டவுடன் ஒரு துர்நாற்றத்தை உருவாக்கும். அவை வெளியிடும் வாயுவை தான் நாம் துர்நாற்றமாக உணர்கிறோம்.

தொப்புளிலும் எண்ணற்ற நுண்ணுயிரிகள் இருக்கின்றன. மனிதன் உடலுக்குள் நுண்ணுயிரிகள் செல்ல வேண்டும் என்றால் மனிதனின் உடல் பாகங்கள் ஆகிய காது, மூக்கு, வாய், கண், ஆசனவாய் போன்ற பகுதிகளில் உள்ள துவாரம் வழியாகத்தான் உள்ளே செல்ல இயலும்.

நாம் எப்பொழுதும் சுவாசித்துக் கொண்டே இருப்பதால் மூக்கின் வழியாக நுண்ணுயிரிகள் மிக எளிதாகச் சென்று விடாதா? என்று கேள்வி கேட்ட தனது நண்பனுக்கு அதற்குத் தானே மூக்கில் நிறைய முடிகள் இருக்கின்றன என்று பதில் அளித்தாள் ஒரு சிறுமி.

முடி பெரிய தூசிகளை மட்டும் தான் நிறுத்தும். அவை தான் அசடாக நமக்கு வெளி வருகின்றன. ஆனால் மூக்கிலும் எண்ணற்ற பாக்டீரியாக்கள் இருக்கின்றன. அவை தீங்கு விளைவிக்கக் கூடிய நுண்ணுயிரிகள் உள்ளே வரும்பொழுது அவற்றைத் தடுத்து உடலினுள் செல்லாமல் இருப்பதற்கு முதற்கட்ட போர் புரிகின்றன. அவற்றில் இருந்து தப்பித்து உடலுக்குள் செல்பவை தான் உடலை அடைகின்றன.

ஒரே ஊரில் வாழும், ஒரே விதமான உணவுப் பொருட்களைச் சாப்பிடும் இருவரில் ஒருவருக்கு ஜீரணிக்கக் கூடிய பிரச்சனை இருக்கிறது என்றால், அவர் உடலில் அவர் உண்ணும் உணவை ஜீரணிக்கத் தேவையான பாக்டீரியாக்கள் இல்லாமல் இருப்பதுதான் காரணம். கணவன் மனைவி இருக்கிறார்கள். கணவனுக்கு இது போன்ற பிரச்சனை இருக்கிறது என்றால், மனைவியின் வயிற்றில் இருந்து ஜீரணிக்க கூடிய பாக்டீரியாக்களைக் கணவனின் வயிற்றில் வைத்து அவருடைய உடலிலும் அதை வளர்த்து மருத்துவ ஆராய்ச்சிகளும் செய்யப்படுகின்றன.

மனிதனின் உடம்பில் பல இடங்களில் நுண்ணுயிரிகள் இருப்பதைப் பற்றிக் கூறினீர்கள். மூக்கில் இருக்கும் பாக்டீரியா ஏன் வாயில் செல்லாது.

வாயில் இருக்கும் பாக்டீரியா ஏன் குடலுக்குச் செல்லாது. உடலில் இரு குறிப்பிட்ட இடத்தில் இருக்கும் பாக்டீரியாக்கள் மற்ற இடங்களுக்குச் செல்வதில்லை. ஏனென்றால் அந்தச் சூழ்நிலையில் அவை வாழ பழகிக் கொள்கின்றன. வேறு இடத்திற்குச் சென்றாலும் அங்கே அவற்றால் நீண்ட நாள் உயிர் வாழ இயலாது. பொதுவாக வயிற்றில் உணவை ஜீரணிக்கத் தேவையான பாக்டீரியா வயிற்றில் இருந்தால் தான் அவற்றிற்கும் உணவு கிடைக்கும்.

அவை மூக்கில் வந்து வாழ்வது கிடையாது. அதனால் தனது வாழ்விடம் என்ற முறையில் எங்கு தேவை இருக்கிறதோ அங்கு தான் அவை வாழ்கின்றன. அதேபோல் உடலின் மற்ற இடத்தில் இருக்கும் பாக்டீரியாக்கள் அமிலத்தன்மை அதிகமாக உள்ள வயிற்றுக்கு வரும்போது அந்தச் சூழ்நிலைக்குத் தாக்கு பிடிக்க முடியாமல் அழிந்து போகும். வாயில் உள்ள நுண்ணுயிரி குடலுக்குச் சென்று தஞ்சம் புகுந்தாலும் அங்கே இருக்கும் அமிலத்தன்மைக்குத் தாக்கு பிடிக்க முடியாமல் இறந்து விடும் அதனால் தான் அவை தன் வாழும் சூழ்நிலைக்கு ஏற்ப உடலில் தஞ்சம் போகின்றன.

வயிற்றில் எந்த விதமான பாக்டீரியாக்கள் இருக்கின்றன என்ற ஆராய்ச்சி சமீப காலமாக நடைபெற்று வருகிறது. வயிற்றில் இருக்கும் பாக்டீரியாக்கள் நாம் உண்ணும் உணவை செரிக்கப் பயன்படுகிறது அவ்வளவுதானே. இதைப் பற்றி அதிகமாக ஆராய்ந்து என்ன பயன் இருக்கிறது?

ஒருவர் மனநலம் பாதிக்கப்பட்டால் என்னென்ன காரணங்கள் என்று ஆராய்ச்சி செய்த பொழுது வயிற்றில் இருக்கும் பாக்டீரியாக்கள் மாறும் பொழுதும் மனநலம் பாதிக்கப்படுவது கண்டறியப்பட்டுள்ளது. அதனால் மனநலம் சார்ந்த பிரச்சனைகளுக்குத் தீர்வு காணும் ஒரு முறையாக நமது உடலில் இருக்கும் பாக்டீரியாக்களைப் பற்றிய ஆராய்ச்சி முக்கியமடைந்துள்ளது.

ஏன் இந்தப் பாக்டீரியாக்கள் நமக்குப் பிரச்சனையை உண்டு பண்ணுகின்றன?

குடலில் இருக்கும் பாக்டீரியாக்கள் வெளியிடும் வேதிப்பொருட்கள் உடலில் கலந்து அதனால் மனநலம் சார்ந்த பிரச்சினைகள் ஏற்படுகின்றன அதனால் அப்படித் தீங்கு

விளைவிக்கக் கூடிய பாக்டீரியாக்களைக் கண்டறிந்து சிகிச்சைகள் நடைபெறுகிறது.

இந்தியா முழுவதும் வேறு வேறு இடங்களில் பல்வேறு கலாச்சாரங்கள் பல்வேறு சூழ்நிலைகளில் வாழும் மனிதர்களிடம் தரவுகள் சேகரித்து எந்த விதமான நுண்ணுயிரிகள் அவர்கள் உடலில் இருக்கிறது என்று ஆராய்ச்சி செய்துள்ளனர். இப்படிக் குடலில் இருக்கும் பாக்டீரியாவிற்கும் மனிதர்களின் முதுமை அடைவதற்கும் உள்ள தொடர்பை பற்றிய ஆராய்ச்சிகளும் நடைபெறுகின்றன.

ஒரு மனிதனுக்கு மூப்பு அடைவது இயல்பான ஒன்றுதானே? அதில் இந்தப் பாக்டீரியாக்கள் என்ன செய்யப் போகின்றன?

இந்த ஆராய்ச்சிகள் இப்பொழுது தொடக்கக் காலத்தில் தான் இருக்கின்றன. ஆனால் மனிதர்களின் மூப்பிற்குப் பாக்டீரியாக்களின் பங்கு இருக்கிறது என்பதைக் கண்டறியும் பொழுது அதற்கான சிகிச்சைகளுக்கு இது உபயோகமாக இருக்கும்.

உணவில் சரிவிகித உணவு என்பது போல் உடலில் இருக்க வேண்டிய ஒவ்வொரு நுண்ணுயிரிகளின் அளவு சரியாக இருக்க வேண்டும். அவற்றில் ஒன்று மட்டும் அதிகரிக்கும் பொழுது அது மூப்பு உட்படப் பல நோய்களுக்குக் காரணமாக அமைகிறது என்று ஆராய்ச்சி முடிவுகள் தெரிவிக்கின்றன.

நாம் சாப்பிட உணவு பொருளில் செரிமானத்தைத் தூண்டுதல் செய்யக்கூடிய உணவுப் பொருட்களைச் சாப்பிட வேண்டும். அப்படிச் செரிமானத்தைத் தூண்டக்கூடிய உணவுப் பொருள் என்பது உடலில் சாப்பிட்ட உணவுப் பொருட்களைச் செரிக்க வைக்கக் கூடிய பாக்டீரியாக்களுக்கு உணவாக அமையும் உணவைத்தான் கூறுகிறோம்.

வயிற்றில் உள்ள பாக்டீரியாக்களைக் கண்டறிந்து எந்தவிதமான பாக்டீரியாக்கள் நாம் வயிற்றில் வளர்த்தினால் சந்தோஷமான மனிதராக மாற்றும் மாறலாம் என்று ஆராய்ச்சிகளும் உள்ளன. ஒருவருக்குச் சந்தோஷம் கொடுக்கும் பாக்டீரியா மற்றவருக்குச் சந்தோஷத்தை தருமா? என்ற கேள்வி இங்கே இருக்கிறது. அதற்கான ஆராய்ச்சிகள் முழு அளவில் நடைபெற்று வருகின்றன.

யானையின் வயிற்றில் இருக்கும் பாக்டீரியாக்கள் சிங்கத்திற்குத் தேவையில்லை. சிங்கத்தில் வயிற்றில் இருக்கும் பாக்டீரியா மனிதனுக்குத் தேவையில்லை.

உடலில் இருக்கும் பாக்டீரியாக்கள் உருவாக்கும் வேதிப்பொருள் ரத்தத்தில் கலந்து தேவையில்லாத பலன்களையும் கொடுக்கிறது. பல் சொத்தையாவது, தலைவலி வருவது, மூளையைப் பாதித்து மன நிலைக்கு உள்ளாவது ஆகியவற்றிலும் இந்த நுண்ணுயிரிகளின் பங்கு இருக்கிறது. அதனால் தான் நுண்ணுயிரிகளைப் படித்து மற்ற நோய்களுக்கு மருந்து கண்டுபிடிக்க முடியுமா? என்று ஆராய்ச்சி நடந்து கொண்டிருக்கிறது.

நமது நோய் எதிர்ப்பு மண்டலம் சரியாக வேலை செய்யும்போது, வயிற்றை அடையும் குறைந்த அளவு நோய் உண்டாக்கும் பாக்டீரியாக்களை நல்ல பாக்டீரியாக்கள் உடலில் இருந்து வெளியே தள்ளி விடும். வயது அதிகமாக நோய் எதிர்ப்பு சக்தி குறைவதற்கு இந்த நுண்ணுயிரிகளின் ஆற்றல் குறைவதும் ஒரு காரணமாகும்.

நுண்ணுயிரிகள் ஏதோ சாதாரண ஆள் என்று நினைத்தோம். ஆனால் நுண்ணுயிரிகளை ஒழுங்காகக் கவனிக்கவில்லை என்றால், அடிக்கடி மருத்துவமனைக்குச் செல்ல வேண்டும் என்ற செய்திகள் ஆச்சரியமாக இருக்கிறது என்றனர் குழந்தைகள்.

8

தாவரங்களும் நுண்ணுயிரிகளும்

கடந்த சில நாட்களாக நுண்ணுயிரி பற்றித் தெரிந்து கொண்டது மிகவும் ஆச்சரியமாக இருந்தது என்று குழந்தைகள் அவர்களுக்குள்ளாகவே பேசிக் கொண்டிருந்தார்கள். 2020-21 ஆம் ஆண்டிற்கான வகுப்புகள் காணொளி வாயிலாக நடைபெற்றுக் கொண்டிருந்தன. அந்தக் கிராமத்தில் அனைவருக்கும் போதுமான அளவு இணையதள வசதி இல்லாததால் நண்பர்கள் அனைவரையும் காணொளியில் சந்திப்பது இயலாத காரியமாக இருந்தது. அப்படி இணையதள இணைப்புக் கிடைத்தாலும், இடையிடையே இணைப்புத் துண்டிக்கப்பட்டுக் கொண்டிருந்தது.

இன்று சனிக்கிழமை என்பதால் விடுமுறை, இன்று முழுவதும் நுண்ணுயிரியின் மற்ற கதைகளைக் கேட்க வேண்டும் என்று குழந்தைகள் காலையிலேயே ஆர்வத்துடன் வந்து சேர்ந்தனர்.

"என்ன குழந்தைகளா, இன்று நேரமாக வந்து விட்டீர்கள் போலிருக்கிறது" என்று அபி கேட்டான். அப்போது வயலில் வளர்ந்திருந்த நெற்செடிகளுக்கு உரம் போட வேண்டும் என்று உரத்தை எடுத்து, அதை எப்படி நீரில் கலந்து செடிகளுக்குக் கொண்டு சேர்க்க வேண்டும் என்று அபியிடம் அவனுடைய மாமா விளக்கிக் கொண்டிருந்தார்.

என்ன அண்ணா காலையிலேயே விவசாயத்தில் இறங்கி விட்டீர்கள் போலிருக்கிறது.

"மாட்டுச் சாணம் மக்கி தொழு உரமாக (Compost) மாறி அதைப் பயிர்களுக்கு இடுவதைப் பற்றி அன்று கூறினீர்கள். பின்னர் ஏன் உரங்கள் தேவைப்படுகின்றன?" என்றான் ஒரு சிறுவன்.

"முன்பு கடலில் மாசு எப்படிக் கலக்கிறது என்று நீங்கள் கூறிய பொழுது பயிர்களுக்கு இடும் உரங்கள் நீர் வழியாக நதியை அடைந்து பின்னர்க் கடலுக்குச் செல்கிறது என்று கூறினீர்கள். அப்பொழுதே ஏன் உரம் தேவை என்ற சந்தேகம் எனக்கும் இருந்தது" என்றாள் மற்றொரு சிறுமி.

உயிருள்ள எல்லாப் பொருட்களுக்கும் ஊட்டச்சத்து மிகவும் முக்கியம். சரிவிகிதத்தில் தேவைப்படும் அனைத்து சத்துக்களையும் மனிதர்களுக்கு மட்டுமல்ல தாவரங்களுக்கும் கொடுக்க வேண்டும். அப்படிக் கொடுத்தால் தான் தாவரம் செழித்து வளரும்.

அப்போது மூட்டு வலியால் பாதிக்கப்பட்டிருந்த அவர்கள் பக்கத்து வீட்டு பாட்டி மாத்திரை தீர்ந்து விட்டது. இந்த மாத்திரையை வாங்கித் தர முடியுமா? என்று ஒரு அட்டையைக் கொண்டு வந்தார்.

நாளை நகரத்திற்குச் செல்லும் போது வாங்கித் தருகிறேன். என்று வாங்கிக் கொண்டார் மாமா. எல்லாக் கடைகளுக்கும் தடை உத்தரவு பொருந்தும் என்றாலும் மருந்து கடைகள் திறந்தே தான் இருந்தன.

அந்த அட்டையை வாங்கிப் பார்த்த ஒரு சிறுவன், "இது கால்சியம் மாத்திரை என்று இருக்கிறது" என்று கூறினான்.

தண்ணீரில் உரங்களைத் கரைத்துச் செடிகளுக்குப் பாய்ச்சி கொண்டிருந்த அபி, நமது உடம்புக்கும் சத்துக்கள் தேவை அல்லவா? அப்படி ஒரு மாத்திரை தான் இது.

ஆனால் நாம் யாரும் கால்சியம் மாத்திரையை உண்பதில்லையே? ஏன் பாட்டி மட்டும் சாப்பிடுகிறார்?

குழந்தைகளுக்குக் கால்சியம், பால் போன்ற பொருட்களில் இருந்து கிடைக்கிறது. வயது ஆக ஆக உணவுப் பொருளில் கிடைக்கும் கால்சியத்தைக் கிரகித்துக் கொள்ளும் ஆற்றல் உடலுக்குக் குறைகிறது. கால்சியம் குறையும் பொழுது அது உடலில் உள்ள எலும்புகளைப் பலவீனப்படுத்துகிறது. அப்படிப் பலவீனமான எலும்பை சரி செய்வதற்குத் தான் மருத்துவர் பாட்டிக்கு இந்தக் கால்சியம் மாத்திரைகளைப் பரிந்துரைத்துள்ளார். கால்சியம் மட்டுமல்ல சோடியம், பொட்டாசியம் என எண்ணற்ற தாது பொருட்கள் நமது உடலுக்குத் தேவைப்படுகின்றன.

இதைப் போலத்தான் பயிர்களுக்கும் உரம் தேவை என்று கூறுகிறீர்களா?

உரங்களை மூன்று விதமாகப் பிரிக்கலாம். பயிர்கள் செழித்து வளர தழைச்சத்து முக்கியம். அதே நேரத்தில் அவற்றின் வேர்கள் உறுதியாக இருந்தால் தான் செழித்து வளரும் செடிகளைத் தாங்கிப்

பிடித்து நிறுத்த இயலும். அதற்கு மணிச்சத்து தேவை. உறுதியாக நின்று செடிகள் வளர்ந்தால் மட்டும் போதாது. நமது உடலில் நோய் எதிர்ப்பு மண்டலம் வேலை செய்வது போல் தண்டுகளில் உறுதியை கொடுத்து நோய் எதிர்ப்பு தன்மையை உருவாக்குவதற்கும், வறட்சியைத் தாங்கி வளர்வதற்கும் சாம்பல் சத்து மிகவும் முக்கியம்.

ஓ அதைத்தான் தழைச்சத்து, மணிச்சத்து, சாம்பல்சத்து ஆகியவை பயிர்களுக்குத் தேவையான உரங்கள் என்று நாங்கள் படிக்கிறோமா?

தாவரங்களுக்கு எந்த விதமான உரங்கள் தேவைப்படுகின்றன?

கார்பன், ஹைட்ரஜன் மற்றும் ஆக்சிஜன் ஆகியவை போதுமான அளவு தாவரங்களுக்கு இயற்கையாகக் கிடைக்கிறது. முக்கியத் தாது பொருட்களாகக் கருதப்படும் நைட்ரஜன், பாஸ்பரஸ் பொட்டாசியம் ஆகியவற்றைச் சிக்கலான வேதிப்பொருட்களில் இருந்து பிரித்துத் தாவரங்களுக்குக் கொண்டு செல்லும் வேலையைச் செய்ய நுண்ணுயிரிகள் இருக்கின்றன.

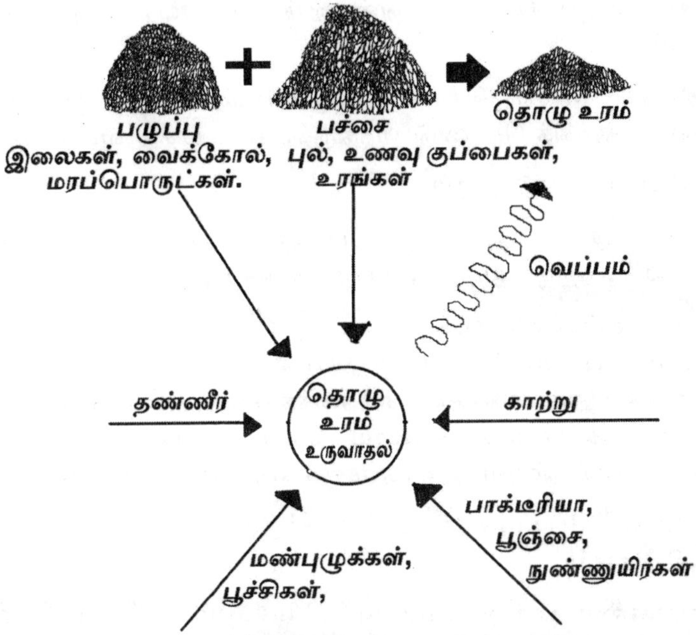

நுண்ணுயிரிகளின் உதவியுடன் தொழு உரம் தயாரிக்க முடியும்

இரண்டாம் நிலை சத்துக்களாகக் கால்சியம், மக்னீசியம், மற்றும் சல்பர் ஆகியவையும் தாவரங்களுக்குத் தேவைப்படுகின்றன. இவை மட்டுமில்லாமல் மனிதன் உடலுக்குத் தேவைப்படுவது போல் நுண்ணூட்ட சத்துக்களும் தேவைப்படும். இரும்பு, துத்தநாகம், தாமிரம், குளோரின், மாலிப்டினம் போன்றவை இந்த வகைப்பாட்டில் வரும்.

இப்படி இயற்கையாக மண்ணில் கிடைக்காத சத்துக்களை உரங்கள் மூலம் செடிகளுக்குக் கொடுப்பதற்குத் தான் உரங்களைப் பயன்படுத்துகிறோம். அப்படி நாம் பயன்படுத்தும் உரங்களில் ஒரு வகைத் தான் மாட்டுச் சாணத்தில் இருந்து கிடைத்த தொழு உரம்.

நுண்ணுயிரிகள் மனிதன் வயிற்றில் அமர்ந்து கொண்டு நமக்கு உதவுவது போல் பயிர்களுக்கும் உதவுகிறதா?

நுண்ணுயிரிகள் தூணிலும் இருக்கும் துரும்பிலும் இருக்கும் என்று முன்பே நான் கூறி இருந்தேனே. பயிர்கள் வளர்ச்சிக்கும் அவற்றின் பங்கு இன்றியமையாதது.

அது சரி இங்கே எப்படி நுண்ணுயிரிகள் தாவரங்களுக்கு உதவ முடியும்.

இதைப் பேசிக் கொண்டிருக்கும்போது தனது ஒரு வயது தம்பியை தூக்கிக் கொண்டு வந்திருந்தாள் பக்கத்து வீட்டு சிறுமி.

என்ன சாப்பாடு இது?

ரசம் சாதம், "ஆனால் பார்ப்பதற்கு அப்படி இல்லையே. மிக்ஸியில் முழுவதும் அரைத்து எடுத்தது போல் அல்லவா கையில் வைத்திருக்கிறாய்" என்றான் அபி.

"நாம் பெரியவர்கள், ரச சாதத்தை அப்படியே சாப்பிட்டால் பிரச்சனை ஏதும் இல்லை. குழந்தைகளுக்கு அப்படிக் கொடுக்க முடியாது அல்லவா. அதனால் சூடாக எடுத்த சாப்பாட்டில் ரசத்தை ஊற்றி நன்றாக அதை மசிய வைத்து கூல் போல் செய்து கொடுத்தால் தான் எனது தம்பி சாப்பிடுவான்" என்று கூறிக் கொண்டிருந்தாள்.

குழந்தைகளுக்கு இப்படி உணவு கொடுப்பதை நாங்களும் பார்த்திருக்கிறோம் என்றனர் மற்றவர்களும்.

மூலக்கூறுகளாக இருக்கும் விவசாய கழிவுகளை பொடி பொடியாக்கும் இயந்திரம் இப்படி அதன் அளவு குறைக்கப்படும் பொழுது மக்க வைக்க தேவைப்படும் நேரம் குறைகிறது

ஒரு வாழைப்பழத்தை பல் இல்லாத ஒரு குழந்தை இடம் கொடுத்தால் அதனால் சாப்பிட இயலாது. அதே நேரத்தில் அவற்றைச் சிறு சிறு துண்டுகளாக மாற்றி மசிய வைத்து, குழந்தைக்கு ஊட்டும் பொழுது எளிதாகச் சாப்பிட முடிகிறது. அப்படிக் கடுமையான பெரிய மூலக்கூறுகளாக இருக்கும் பொருட்களை உடைத்து சிறிய சிறிய மூலக்கூறுகளாகச் செடிகள் ஏற்றுக் கொள்ளும் வகையில் மாற்றுவது இந்த நுண்ணுயிரிகள் தான்.

இதைக் கேட்டுக் கொண்டிருக்கும் பொழுது தென்னை மட்டையை உரமாக மாற்றும் ஒரு இயந்திரத்தை மாமா வாங்கி வைத்திருந்தார். அந்த இயந்திரத்தில் மட்டையைச் செலுத்திய பொழுது அது பொடி பொடியாக நறுக்கி, மறுபக்கம் தூளாக வெளியே வந்து கொண்டிருந்தது.

“ஒரு தென்னை மட்டையை அப்படியே மண்ணில் போட்டு விட்டால் அவை மக்குவதற்குப் பல வருட காலம் ஆகும். அதே நேரத்தில் அவற்றைப் பொடியாக்கி விடும் பொழுது சிறு சிறு துகள்கள் விரைவில் மக்கி அது உரமாக மாறுவதற்குச் சில நாட்கள் போதும். இதே வேலையைத் தான் நுண்ணுயிரிகள் செய்கின்றன” என்று அபி விளக்க ஆரம்பித்தான். அதாவது பெரிய மூலக்கூறுகளை உடைத்து சிறிய சிறிய மூலக்கூறுகளாக மாற்றுகின்றன. இந்த மூலக்கூறுகள் உணவாகவும் எளிதில் மக்கக்கூடிய பொருளாகவும் மாறிவிடுகின்றது.

கடினமான நிலையில் ஜீரணிக்க முடியாத நிலையில் இருக்கக்கூடிய சத்துக்களை உடைத்து எளிதாக மாற்றித் தாவரங்களுக்குக் கொடுப்பது இந்த நுண்ணுயிரிகளின் வேலையாகும்.

உதாரணத்திற்குத் தழைச்சத்துக்கு அடுத்த இடத்தில் இருப்பது மணிச்சத்து. இந்த மணிச்சத்தைப் பாஸ்போபாக்டீரியா எனப்படும் உயிர் உரம் இடுவதன் மூலம் எளிதாகக் கிடைக்க வழிவகைச் செய்யலாம்.

தாவரங்களின் திசுக்கள், வேர்கள் செழித்து வளரவும் பயிர்களின் இனப்பெருக்கத்திற்கும், தரமான தானிய மகசூலுக்கும், தழைச்சத்தினை ஈர்க்கும் பணிக்கும் மணிச்சத்து மிகவும் இன்றியமையாததாகும். பேசில்லஸ் இனத்தைச் சேர்ந்த பாக்டீரியாவான பாஸ்போபாக்டீரியா நுண்ணுயிரானது மண்ணில் கரையா நிலையிலும் உள்ள மணிச்சத்தினை, அங்கக அமில திரவங்களைச் சுரந்து அவற்றில் கரைய வைத்துப் பயிருக்கு எளிதாகக் கிடைக்கும் நிலைக்கு மாற்றுகின்றது.

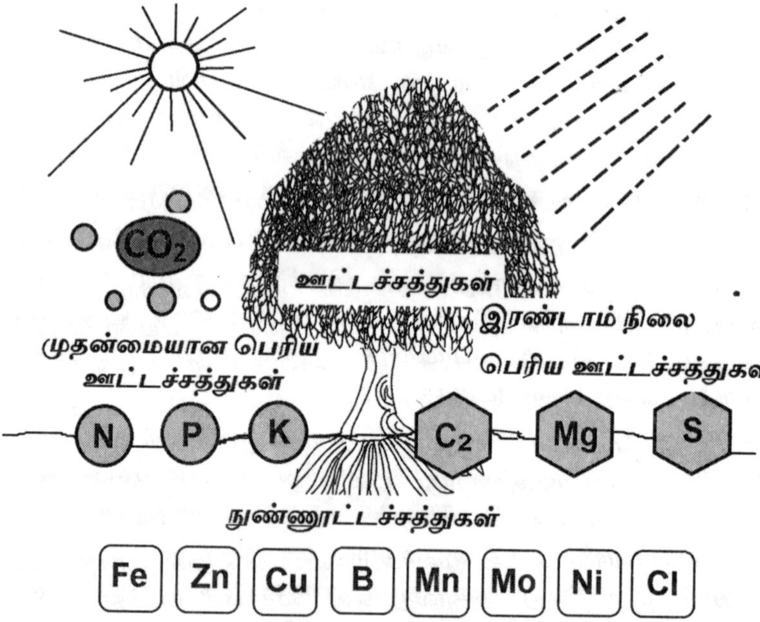

தாவரங்களுக்கு தேவைப்படும் தழைச்சத்து மணிச்சத்து சாம்பல் சத்து மற்றும் இதர நுண்ணூட்ட சத்துக்கள் பற்றிய விவரம்

காலை நேரத்தில் இவர்கள் விவாதம் நடந்து கொண்டிருந்த பொழுது சூரியன் மெல்ல எட்டிப் பார்த்தான். இளங்காலை சூடு இதமாக இருந்தது. அப்போது ஒரு சிறுவன், நான் கொஞ்சம் வெயிலில் காய்கிறேன். அப்பொழுதுதான் வைட்டமின்-டி கிடைக்கும் என்று நேற்று எனது ஆசிரியர் கூறினார்.

“என்ன சுட்டெரிக்கும் சூரியனிலிருந்து சத்து கிடைக்கிறதா? ஆச்சரியமாக இருக்கிறது” என்றான் மற்றொரு சிறுவன்.

இதைக் கேட்ட அபி, நுண்ணுயிரிகள் தாவரங்களுக்குச் செய்யும் வேலையைத்தான் சூரியன் நமக்குச் செய்கிறது. சூரிய ஒளியில் இருந்து வைட்டமின்-டி நமக்குக் கிடைப்பதில்லை. ஆனால் நமது உடலில் தோலில் தங்கி இருக்கும் வைட்டமின்-டி யை உருவாக்கக்கூடிய மூலக்கூறுகள் இருக்கும். ஆனால் அவற்றைக் கிரகித்து வைட்டமின்-டியாக நம்மால் மாற்ற இயலாது. அதன் மீது இதமான சூரிய வெப்பம் தினமும் 15 லிருந்து 30 நிமிடங்கள் படும் பொழுது, உடலில் இருக்கும் மூலக்கூறுகளை வைட்டமின்-டியாக மாற்ற உதவுகிறது.

இதே போன்ற வேலையைத் தான் நுண்ணுயிரிகள் செய்கின்றன. உதாரணத்திற்கு நைட்ரஜன் சுழற்சியை அறிந்து கொள்வோம்.

“மனிதனுக்குச் சூரிய ஒளி உதவுவதைப் போலத் தாவரங்களுக்கும் சூரிய ஒளி உதவுகிறதா?” என்றான் ஒரு சிறுவன்.

இதை கேட்ட அபி அவர்களிடம் “தாவரங்களின் சமையலறை எது என்று உங்களுக்குத் தெரியுமா?” என்று வினவினான்.

இலைகள் தானே தாவரங்களின் சமையலறை. சூரிய ஒளியையும், நீர் மற்றும் கார்பன்டையாக்சைடை பயன்படுத்தித் தனக்குத் தேவையான ஆற்றலை தாவரங்கள் உருவாக்கிக் கொள்வதைத் தான் ஒளிச்சேர்க்கை என்கிறோம். இதில் தாவரங்களுக்கு ஆற்றல் கிடைப்பது உடன் ஆக்சிஜனும் வெளியிடப்படுகிறது. இந்த வேலையைச் செவ்வனே செய்வதற்கு இலைகளில் உள்ள குளோரோஃபில் தேவைப்படுகிறது.

இந்தக் குளோரோஃபில் மூலக்கூறுகளின் ஒரு அங்கமாகத் தான் நைட்ரஜன் இருக்கிறது. அதாவது ஒளிச்சேர்க்கை நடக்கச் சூரிய ஒளி தேவைப்படுகிறது. அந்தச் சூரிய ஒளியை கிரகித்துக் கொள்ள நைட்ரஜன் இருக்கும் குளோரோஃபில் தேவை. அந்த நைட்ரஜனை தான் நாம் தழைசத்தாகக் கொடுக்கிறோம் என்று கூறுகிறீர்கள் சரிதானே.

சரியாகப் புரிந்து கொண்டாய். அதனால் தான் தழைச்சத்துக் கொடுக்கப்படும் பயிர்கள் வளர்ச்சி நன்றாக இருக்கிறது. பயிரின் வளர்ச்சிக்குத் தேவைப்படும் தழைச்சத்தில் நைட்ரஜன் ஒரு முக்கியப் பங்காற்றுகிறது.

இந்த நைட்ரஜன் எப்படி நுண்ணுயிரிகளால் தாவரங்களுக்குக் கிடைக்கிறது என்பதை விரிவாகக் கூற முடியுமா அண்ணா?

வளிமண்டல காற்றில் 78 விழுக்காடு நைட்ரஜன் உள்ளது. ஆனால் இத்தனை இருந்து என்ன பயன்? தேவைப்படும் போது அது தாவரத்திற்குக் கிடைக்க வேண்டுமே.

வளிமண்டலத்திலும் மண்ணிலும் இந்த நைட்ரஜனை நிலை நிறுத்துவதைத் தான் நைட்ரஜன் சுழற்சி என்கிறோம். இதில் நுண்ணுயிரிகள் மூலம் நைட்ரஜன் பல வடிவங்களாக மாற்றப்பட்டு மண்ணுக்கும், உயிரினத்திற்கும், மீண்டும் வளிமண்டலத்திற்கும் கொண்டு செல்லப்படுகிறது. நுண்ணுயிரிகள் இருப்பதால்தான் உயிர் வேதியியல் முறையில் நைட்ரஜன் சுழற்சி நடைபெறுகிறது. நைட்ரஜன், நிலம், நீர், காற்று எனப் பல்வேறு வகையான சுற்றுச்சூழல்களில் நகரும் பொழுது பல ரசாயன வடிவங்களாக மாற்றப்படுகிறது.

இப்படி வளிமண்டலத்திலும் மண்ணிலும் இருக்கும் நைட்ரஜனை செடிகள் உறிஞ்சி கொள்ளும் வகையில் பாக்டீரியாக்கள் மாற்றுகின்றன.

பல்வேறு நிலையில் இருக்கும் நைட்ரஜனை பிரித்து நைட்ரஜனாக மாற்றி வளிமண்டலத்திற்குக் கொண்டு செல்வதும், அதேபோல் கூட்டுப் பொருட்களாக இருக்கும் நைட்ரஜன் வேதிப்பொருட்களில் இருந்து நைட்ரஜனை பிரித்துத் தாவரங்களுக்குக் கொண்டு செல்வதும் நுண்ணுயிரிகள் முக்கியப் பங்காற்றுகின்றன.

அசோஸ்பைரில்லம் (*Azospirillum*) மற்றும் ரைசோபியம் (*Rhizobium*) என்பது மண்ணில் நைட்ரஜன் நிலைப்படுத்துதலில் ஈடுபடக்கூடிய ஒரு பாக்டீரியா ஆகும். இவ்வகைப் பாக்டீரியாக்கள் வேர்களில் இருந்து கொண்டு நைட்ரோஜெனேசு (*Nitrogenase*) என்ற நொதியின் உதவியுடன் வளிமண்டல நைட்ரஜனை அமோனியாவாக மாற்றிப் பின்னர்க் குளூட்டமின் அல்லது யூரைடுகள் போன்ற கரிம நைட்ரஜன் சேர்மங்களாக மாற்றித்

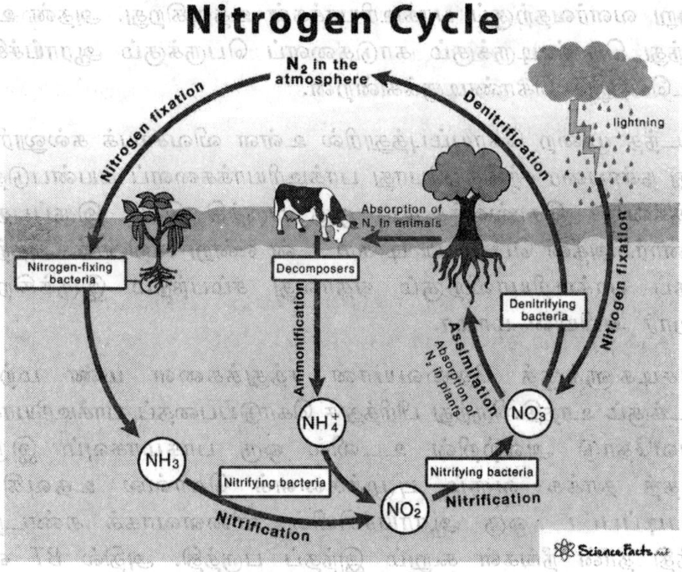

நைட்ரஜன் சுழற்சியில் பாக்டீரியாக்களின் பங்கு

தாவரங்களுக்கு வழங்குகின்றன. மாற்றாக, தாவரமானது, ஒளிச்சேர்க்கையின் மூலம் தயாரிக்கப்பட்ட கரிமச்சேர்மங்களைப் பாக்டீரியாக்களுக்குத் தருகிறது.

இதேபோன்று தாவரங்களுக்குத் தேவைப்படும் மற்ற தாது பொருட்களையும் கொண்டு சேர்ப்பதில் நுண்ணுயிரிகள் முக்கியப் பங்கு வைக்கிறது. அது மட்டும் இல்லாமல் ஈ கோலி *(E-coil)* போன்ற நுண்ணுயிரிகளைத் தாவரம் நேர் வழியாக உள்வாங்கி உணவாகவும் மாற்றிக் கொள்கிறது.

எங்கெல்லாம் செயற்கையாக வேதிப்பொருட்களை உருவாக்காமல் நுண்ணுயிரிகளைக் கொண்டு தேவையான வேதிப்பொருட்களை உருவாக்கி அதன் மூலம் பயனடைகிறோமோ அதை உயிரி தொழில்நுட்பம் என்று அழைக்கிறோம்.

உலகத்திலேயே மிகப்பெரிய அலையாத்தி காடுகளாக மேற்கு வங்காளத்தில் உள்ள சுந்தர்பன் காடுகளைக் கூறுகிறோம். இந்த அலையாத்தி காடுகளை வளர்ப்பதற்குப் பாக்டீரியாக்களின் பங்கும் இருக்கிறது. உப்பு கலந்த உவர்ப்பு நீரில் தான் அந்த மரங்கள் வளர்கின்றன. அவை வளரும் பொழுது தாக்குதலுக்கு உட்படாமல் தேவையான சத்துப் பொருட்களை நீரில் இருந்தும் மண்ணிலிருந்தும்

பெற்று வளர்வதற்குப் பாக்டீரியாக்கள் உதவுகிறது. அதன் உதவி அழிந்து கொண்டிருக்கும் காடுகளைப் பெருக்கும் ஆராய்ச்சிகள் நடைபெற்றுக் கொண்டிருக்கின்றன.

கடந்த முறை கோயம்புத்தூரில் உள்ள விவசாயக் கல்லூரியில் எனது நண்பரை சந்தித்தபோது பாக்டீரியாக்களைப் பயன்படுத்திப் புழுக்களைக் கொல்லக்கூடிய ஒரு பருத்தி செடி இருப்பதாகக் கூறினார். அதன் பெயர் பி டி காட்டன் என்று கூறினார். அதற்கும் இந்தப் பாக்டீரியாவிற்கும் ஏதாவது சம்பந்தம் இருக்கிறதா? என்றார் அபியின் மாமா.

செடிகளுக்குத் தேவையான சத்துக்களை மண் மற்றும் கிடைக்கும் உரத்திலிருந்து பிரித்துக் கொடுப்பதைப் பாக்டீரியாக்கள் செய்வதோடு அவற்றின் உடலில் ஒரு பாகமாகவும் இருந்து அதைத் தாக்க வரும் புழுக்களைக் கொல்ல உதவுகிறது. அப்படிப்பட்ட ஒரு ஆராய்ச்சியின் விளைவாகக் கண்டறிந்த பருத்தி தான் நீங்கள் கூறும் இந்தப் பருத்தி. அதில் *BT* என்ற பெயர் பேசிலஸ் துரிஞ்சியென்சிஸ் *(Bacillus thuringiensis)* என்ற பாக்டீரியாவை குறிக்கும். இது பருத்தி விதையின் ஜீன்களோடு இணைந்த ஒரு பாகமாக இந்தப் பாக்டீரியா இருக்கும். செடியை சாப்பிட வரும் காய்புழுக்கள் உடலில் இந்தப் பாக்டீரியாக்கள் சென்று விடும். அப்படிப் புழுக்களின் உடலில் சென்று அவற்றின் குடலை ஓட்டை போடும். அதனால் புழுக்கள் இறந்து விடும். இந்தப் பருத்தி ஒருவகையான புழுக்களை மட்டும் தான் கொல்லக்கூடிய திறன் வாய்ந்தது. மற்ற வகையான பூச்சிகள் வரும் பொழுது நோய் தாக்குதலுக்கு உள்ளாகும் என்பதை இங்கே புரிந்து கொள்ள வேண்டும்.

9

உயிரி தொழில்நுட்பவியல்

தோட்டத்தில் வேலையெல்லாம் முடித்துவிட்டு காலை உணவுக்காக அனைவரும் காத்திருந்தனர்.

"இன்று, எங்கள் கல்லூரியில் சனிக்கிழமை காலை வழக்கமாகக் கொடுக்கப்படும் பிரட் ஆம்லெட் போட்டுத் தருகிறேன்" என்று அபி கூறினான். வீட்டில் இருந்த முட்டையை எடுத்து ஆளுக்கு ஒன்றாகத் தயார் செய்து கொடுத்தான். இந்தப் பிரட் எனப்படும் மிருதுவாக இருக்கும் ரொட்டி உருவாவதற்கும் நுண்ணுயிரிகள் தான் காரணம் அதைப்பற்றி உங்களுக்குத் தெரியுமா? என்று நுண்ணுயிரியைப் பற்றிய அடுத்தத் தகவலை கூறினான்.

நுண்ணுயிரிகள் உடலில் இருக்கிறது என்றும், தாவரங்களுக்கும் தேவை என்றீர்கள். இப்பொழுது நாம் சாப்பிடும் இந்த ரொட்டிக்கும் தேவை என்று ஆச்சரியப்படுத்துகிறீர்களே. இங்கே நுண்ணுயிரிகள் என்ன வேலை செய்கிறது.

கோதுமை மாவை எடுத்து சப்பாத்தி செய்து சாப்பிடலாம். ஆனால் அதை நொதித்தல் மூலம் உப்ப வைத்து மிருதுவான இந்த ரொட்டியை உருவாக்குவது நுண்ணுயிரியின் வேலைதான்.

இதுபோன்ற வேலையைச் செய்வதற்குக் குறிப்பிட்ட நுண்ணுயிரியை நாம் பயன்படுத்துகிறோம் அதனால் தான் பிரட் ஆம்லெட் போடுவதற்கு நமக்கு இப்பொழுது பிரட் கிடைத்துள்ளது.

நுண்ணோக்கி வந்தவுடன் நுண்ணுயிரிகளைக் கண்டறிந்தார்கள். ஆனால் இப்படி நுண்ணுயிரிகளை வைத்து உணவு பொருட்கள் செய்யலாம் என்று எப்படிக் கண்டறிந்தார்கள்.

நுண்ணுயிரிகளைப் பயன்படுத்தி உணவு பொருட்கள் தயாரிக்கப்படும் தொழில்நுட்பத்தை உயிரி தொழில்நுட்பவியல் *(Bio technology)* என்கிறோம். 1919 ஆம் ஆண்டுக் கரோலி எரேக்கி *(Karoly Ereky 1878-1952)* தன்னுடைய புத்தகத்தில் இதைப் பற்றி முதன் முதலில் குறிப்பிட்டு இருந்தார். இவர்தான் இன்று இந்த உயிரி தொழில்நுட்பவியலின் தந்தையாகக் கருதப்படுகிறார்.

அவருடைய புத்தகத்தின் படி "உயிரிப் பொருட்களை உபயோகமான உண்ணக்கூடிய பொருட்களாக மாற்றக்கூடிய துறை தான் உயிரி தொழில்நுட்பவியல்" என்று வர்ணித்துள்ளார்.

இன்று விதவிதமாக நீங்கள் உண்ணும் உணவுகளை உருவாக்குவதற்கு நுண்ணுயிரிகள் தான் காரணம் என்பது உங்களுக்குத் தெரியுமா?

நுண்ணோக்கி கண்டுபிடிக்காத காலத்தில் நொதிக்க வைத்துப் பொருட்களைப் புளிக்க வைத்து பண்டைய மக்கள் பயன்படுத்தி இருந்தார்கள் அல்லவா?

திராட்சையிலிருந்து ஒயின் தயாரிப்பது போன்ற பல பொருட்கள் பல ஆண்டுக் காலமாக மக்களால் செய்யப்பட்டு வந்தது. ஆனால் இது போலப் பொருட்களை நொதித்தல் (Fermentation) முறையில் மாற்றுவதற்கு நுண்ணுயிரிகள் தான் உதவுகின்றன என்ற உண்மையை அவர்கள் அறியாமல் இருந்தார்கள். உயிரி தொழில்நுட்பவியல் வந்த உடன் தான் அதைப் பற்றிய புரிதல் அதிகமாகி இன்று எண்ணற்ற உணவுப் பொருட்கள் கிடைக்கிறது.

நொதித்ததால் தான் நாம் சாப்பிடும் பிரட் உருவாக்குவதற்கு மூல ஆதாரம் என்று கூறுகிறீர்கள். ஆனால் சில நேரம் நொதித்தல் பொருட்களைப் புளிக்க வைத்து கெட்டுப் போகவும் வைத்து விடுகிறது அல்லவா? நொதித்தல் நல்லதா? கெட்டதா?

நொதித்தல் என்பது வேதிவினையின் காரணமாகப் பெரிய மூலக்கூறுகள் சிறிய மூலக்கூறுகளாக மாற்றப்படும் ஒரு முறையாகும். இதை நுண்ணுயிரிகள் தான் செய்கின்றன. இப்படிச் செய்யும் பொழுது அவற்றிலிருந்து வெளிவரும் வாயுக்கள் சில நேரம் நமக்கு உபயோகமாகவும் நறுமணம் தருவதாகவும் இருக்கின்றன. அதே நேரத்தில் மனிதனால் தாங்க முடியாத துர்நாற்றம் கொடுப்பவையாகவும் சில இருக்கின்றன. இந்த நொதித்தல் முறையில் சிக்கலான வேதி மூலக்கூறுகளை உடைத்து எளிதில் ஜீரணமாகக் கூடிய மூலக்கூறுகளாக மாற்றுவது நுண்ணுயிரிகள் தான்.

அப்போது அவனுடைய அத்தை "எனக்கு இந்தப் பிரட் ஆம்லெட் எல்லாம் வேண்டாம். இட்லி சுட்டுக் கொள்கிறேன்" என்று கூறி இட்லி மாவு எடுத்துத் தட்டத்தில் ஊற்ற ஆரம்பித்தார். இதைப் பார்த்த அபி இந்த இட்லி தயாராவதற்கும் நுண்ணுயிரிகள்

தான் காரணம் என்று கூறியவுடன், ஆச்சரியத்தின் எல்லைக்குக் குழந்தைகள் சென்று விட்டனர்.

அரிசி மாவை அரைத்து வைக்கிறோம். அந்த அரிசி மாவில் இருந்து இட்லி சுட இயலாது. அதை இட்லி சுடுவதற்குத் தேவையான மாவாக மாற்றுவதற்கு நொதித்தல் தேவைப்படுகிறது. காற்றில் உள்ள பாக்டீரியாக்களும் இந்த நொதித்தல் செயலை செய்யும் ஆனால் இதற்கு நேரம் அதிகமாகும். ஈஸ்ட் மற்றும் பாக்டீரியாக்களைச் சேர்த்து அரைத்த மாவை நொதிக்க வைத்து இட்லி மாவு ஆக்குவதற்குச் செய்யலாம். சில நாட்களுக்கு முன்பு ஆட்டிய புளித்த மாவிலிருந்து தேவையான பாக்டீரியாக்களைப் புதிதாக ஆட்டிய மாவிற்கு மாற்றும் பொழுது இந்தச் செயல் வேகமாக நடைபெறுகிறது. ஆப்பம் சுடுவதற்கு மாவை புளிக்க வைப்பதற்குப் பொதுவாக ஈஸ்ட் சேர்ப்பது வேகமாக அந்தச் செயலை செய்வதற்குத் தான்.

நாம் சாப்பிடும் அரிசியில் உள்ள சிக்கலான மூலக்கூறான ஸ்டார்ச்சை எளிய சர்க்கரை மூலக்கூறாக மாற்றுவதால் தான் நம்மால் அவற்றை ஜீரணிக்க முடிகிறது.

கோதுமை மாவை நம்மால் நேரடியாக உண்ண இயலாது. அதே நேரத்தில் அவற்றைப் பாக்டீரியா கொண்டு நொதிக்க வைத்துப் பிரட் ஆக மாற்றும் பொழுது மிருதுவான எளிதில் ஜீரணிக்கக் கூடிய பொருளாக மாற்றப்படுகிறது. இப்படிப் பொருட்களைச் சாப்பிட்டு பாக்டீரியாக்கள் நொதித்தல் வேலை செய்யும் பொழுது அவை வெளியிடும் வாயுக்கள் நறுமணமாக நமக்குச் சாப்பிடும் பொருட்களில் கிடைக்கின்றன.

திராட்சை பழத்தை நொதிக்க வைத்து புளிப்பு நிறைந்த ஒயினாக மாற்றுவது இந்த நொதித்தல் முறையில் தான்.

உதாரணத்திற்கு நம் பால் குடிக்கிறோம் அந்தப் பாலில் லாக்டோஸ் என்னும் சர்க்கரை உள்ளது. ஆனால் அதை ஜீரணிப்பதில் சிரமம் இருக்கிறது. அதை வயிற்றில் ஜீரணிப்பதற்குக் குளுக்கோசாக மாற்றுவது நுண்ணுயிரிகளின் நொதித்தல் முறையில் தான்.

எனக்கு ஆம்லெட் வேண்டாம் வெண்ணெயைக் கொடுங்கள் என்று ஒரு சிறுமி பிரட்டின் மேல் வெண்ணெயைத் தடவி தோசை கல்லில் போட்டு எடுத்துக் கொடுக்குமாறு அபியிடம் கேட்டாள்.

“இந்த வெண்ணெயில் இருந்து உனக்கு உயிரி தொழில்நுட்பத்தின் பயனை கூறுகிறேன்” என்று ஆரம்பித்த அபி, “இந்த வெண்ணெய் எப்படிக் கிடைக்கிறது” என்று கூறுமாறு கேட்டான்.

“முதலில் மாட்டிலிருந்து பாலை கறக்க வேண்டும். கறந்த பாலை சூடு செய்து உறை போட்டு தயிராக மாற்ற வேண்டும். பின்னர்த் தயிரை கடைந்தால் வெண்ணெய் கிடைக்கும். அந்த வெண்ணெயை உருக்கி எடுத்தால் நெய் கிடைக்கும் அவ்வளவு தானே. இதைத்தான் நான் எங்கள் வீட்டில் எப்பொழுதும் பார்ப்பேன்” என்று தெளிவாகக் கூறினாள் அந்தச் சிறுமி.

உயிரி தொழில்நுட்பம் வருவதற்கு முன்பு எல்லா வீடுகளிலும் இப்படித்தான் வெண்ணெய் தயாரிக்கப்பட்டது. ஆனால் மக்கள் தொகை அதிகரிப்பு மற்றும் கிடைக்கும் பாலின் அளவு குறைவு ஆகிய காரணங்களால் எல்லோருக்கும் வெண்ணெய் கிடைப்பது சாத்தியம் இல்லாமல் இருந்தது. வெண்ணெய்க்கு மாற்று பொருளாகப் பாலில் இருந்து சீஸ் (Cheese) எடுப்பது உள்ளது.

சீஸ் என்பது பாலை தயிராக்குவது போன்ற ஒரு முறையில்

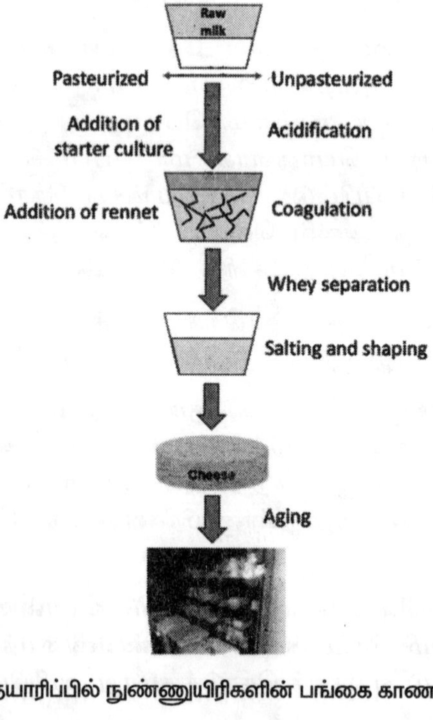

சீஸ் தயாரிப்பில் நுண்ணுயிரிகளின் பங்கை காணலாம்

உருவாக்கப்படும் ஒரு பொருளாகும். இதில் கொழுப்பு சத்து குறைவாக இருப்பதால் எடையை அதிகரிக்க உதவுகிறது. அதிகமான புரோட்டீனும், வைட்டமின் பி12ம் உள்ளது.

வழக்கமாகச் சீஸ் தொழிற்சாலைகளில் தான் செய்யப்படுகிறது. பால் ஒரு பெரிய பாத்திரத்தில் ஊற்றப்பட்டு அதில் சீஸ் செய்வதற்குத் தேவையான பாக்டீரியாக்கள் சேர்க்கப்பட்டு வளர்க்கப்படுகின்றன. அவை லாக்டோசை, லாக்டிக் அமிலமாக மாற்றுகிறது. அதன் பிறகு ரெனட் (rennet) எனப்படும் என்சைம் சேர்த்துப் பாலில் இருந்து சீஸ் தயாரிக்கப்படுகிறது.

அதாவது பாலை தயிராக்கி தயிரில் இருந்து வெண்ணெய் எடுப்பதற்கு ஆகும் நேரம் மேலும் அளவு மிகக் குறைவு. அதே நேரத்தில் சீஸ் மற்றும் பாலாடை கட்டி ஆகியவற்றை நுண்ணுயிரி நொதியை பாலுடன் சேர்த்து பாலை புளிக்க வைப்பதால் நேரடியாகத் தயாரிக்கப்படுகிறது.

“வெண்ணெயும் சீஸும் ஒன்றுதானா? டாம் அண்ட் ஜெர்ரி கார்ட்டூனில் நான் அடிக்கடி பார்த்திருக்கிறேன்” என்று அதே சிறுமி கேட்டாள்.

இல்லை, வெண்ணெயை உருக்கி எண்ணை போல் செய்து பயன்படுத்த முடியும். ஆனால் சீஸை உருக்க இயலாது. மேலும் கொழுப்பின் அளவை ஒப்பிடும் பொழுது வெண்ணெயை விட மிகக் குறைந்த அளவு கொழுப்பு தான் சீசில் இருக்கும். அதே நேரத்தில் அதிகப்படியான கால்சியமும் இருக்கிறது. அதனால் தினமும் அவற்றை உணவில் சேர்த்துக் கொள்ளலாம். நெய்யில் இருக்கும் கொழுப்பில் தோராயமாக 35 விழுக்காடு கொழுப்பு தான் சீசில் இருக்கும்.

நீங்கள் கூறுவதைப் பார்த்தால் வெண்ணெய் கிடைக்கக் காத்திருப்பதை விட மிக விரைவில் சீஸ் தயாரித்து விடலாம் போலிருக்கிறது.

நேரடியாகப் பாலில் இருந்து கிடைப்பதால் தொழிற்சாலைகளில் சில மணி நேரங்களில் தயாரிக்கின்றனர். மேலும் கிடைக்கும் பாலின் தரத்தை பொறுத்து 15 இல் இருந்து 25 விழுக்காடு பாலின் எடையைச் சீசாக மாற்ற முடியும். அதே நேரத்தில் ஆறிலிருந்து எட்டு விழுக்காடு பாலை மட்டும் தான் வெண்ணெயாக மாற்ற முடியும். இதனால் மூன்று மடங்கு உற்பத்தி அதிகம்.

பாலை அமிலமயமாக்கல் (acidification) முறையில் சீஸ் பாலில் இருந்து தயாரிக்கப்படுகிறது. அதே நேரத்தில் பாலை தயிராக்கும் (curdling) முறையில் பாலாடை கட்டி தயாரிக்கப்படுகிறது. சூடான பால் உடன் வினிகர் மற்றும் எலுமிச்சை சாறு சேர்க்கப்படும் பொழுது பாலாடை கட்டி கிடைக்கிறது.

கடைசியாக நமக்குக் கிடைக்கும் சீஸ் எந்தவிதமான நறுமணத்தைக் கொண்டிருக்க வேண்டும் என்பதை அதில் நாம் செலுத்தும் பாக்டீரியாக்கள் முடிவு செய்கின்றன. செலுத்தப்படும் பாக்டீரியாவை பொருத்து அதனுடைய சுவையும் மணமும் மாறுபடும். அதனால் தான் ஒவ்வொரு நிறுவனம் தயாரிக்கும் சீசும் வேறு விதமாக இருக்கிறது.

பால் தயிராவதற்குப் பாக்டீரியா தான் காரணம் என்று முன்பு கூறினீர்கள். அப்படி என்றால் உறை போட்டு பாலை தயிராக்குவதற்குப் பதிலாக நேரடியாகப் பாக்டீரியாவை பயன்படுத்தித் தயிராக்க இயலாதா?

முன்பே பார்த்தது போல் லாக்டோபேசிலஸ் பாக்டீரியாவை உபயோகித்துப் பாலை தயிராக மாற்ற முடியும்.

பாலை தயிராக்குவதற்குப் பாக்டீரியா தேவைப்படுகிறது. பின்னர் ஏன் குறிப்பிட்ட வெப்ப நிலையில் பாலை சூடு செய்ய வேண்டும். நேரடியாக நீங்கள் கூறியது போல் பாலை தயிராக்கும் பாக்டீரியாவை பாலில் கலந்தால் ஏன் பால் தயிராக மாறுவது இல்லை.

பாலில் எண்ணற்ற நுண்ணுயிர்கள் இருக்கும். தயிராக மாற்றக்கூடிய பாக்டீரியாக்களைப் பாலில் இருக்கும் மற்ற பாக்டீரியாக்கள் சாப்பிட்டு விடும்.

அதனால் முதலில் பாலில் உள்ள மற்ற நுண்ணுயிரிகளைக் கொல்ல வேண்டும். அதற்காகத்தான் பால் சூடு செய்யப்படுகிறது. அதே நேரத்தில் மிதமான சூட்டில் இந்த நுண்ணுயிரிகளைச் செலுத்தவில்லை என்றால் சுற்றுப்புற சூழலில் இருந்து மற்ற பாக்டீரியாக்கள் உட்புகுந்து மீண்டும் தயிராக்கும் வேலையைச் செய்ய விடாமல் செய்து விடும். அதனால் மிதமான சூட்டில் தயிராக்க உதவும் பாக்டீரியாக்களைச் செலுத்தும் பொழுது அவை சில நிமிடங்களில் பல்கி பெருகி தனது வேலையை ஆரம்பித்து விடும்.

அவை பெருகிவிட்டால் பின்னர்ச் சுற்றுப்புறச் சூழலில் இருந்து வரும் பாக்டீரியாக்களால் பாதிப்பு இல்லை. ஆனால் இப்படிச் செய்யும் பொழுது நாம் எடுத்துக் கொண்ட தயிரில் எந்த அளவு பாக்டீரியாக்கள் இருக்கின்றன என்பதைப் பொறுத்து நமக்குக் கிடைக்கும் தயிரின் தரம் மாறுபடும். அதன் கட்டித்தன்மை எனப்படும் அளவு மாறுபடும்.

அதனால் தான் நேரடியாகத் தேவையான பாக்டீரியாவின் அளவை அளந்து அதைப் பாலில் கலக்கும் பொழுது எப்பொழுதும் ஒரே மாதிரியான தயிரை உருவாக்க முடியும். மேலும் பாலில் உள்ள நீரின் அளவை சூடு படுத்திக் குறைக்கும் பொழுது அதில் இருந்து கிடைக்கும் தயிரின் தன்மை மாறுபடும். இப்படித் தொழிற்சாலைகளில் தயிர் தயாரிக்கப்படுவதைத் தயிர் என்பதற்குப் பதிலாக யோகர்ட் (*yogurt*) என்று அழைக்கிறோம். பொதுவாக இவை அதிகக் கெட்டித் தன்மையில் தயாரிக்கப்படுவதால் இவற்றின் விலை அதிகமாக இருக்கும்.

திறக்கப்படாத பாக்கெட்	குளிர்சாதன பெட்டியில்	உறைநிலையில்
உறை யோகர்ட்	நீண்ட நாட்கள்	2-3 மாதங்கள்
யோகர்ட்-குடிக்கும் நிலையில்	7-10 நாட்கள்	1-2 மாதங்கள்
கொழுப்பு குறைந்த யோகர்ட்	1-2 வாரங்கள்	1-2 மாதங்கள்
யோகர்ட்	2-3 வாரங்கள்	1-2 மாதங்கள்
பழங்கள் சேர்க்கப்பட்ட யோகர்ட்	7-10 நாட்கள்	1-2 மாதங்கள்
எல்லா யோகர்ட்	1 வாரம்	1 மாதம்

தொழிற்சாலைகளில் தயாரிக்கப்படும் அதிக கட்டித் தன்மை கொண்ட யோகார்ட் எனப்படும் தயிர் அதன் வாழ்நாள் காலம் சேமித்திருக்கும் இடத்தை பொறுத்து மாறுவதை குறிப்பிட்டு இருக்கிறார்கள்

உணவுகளைப் புளிக்க வைப்பது ஒரு பழமையான செயல் முறை. இப்படிப் புளிக்க வைப்பதால் அதில் கிடைக்கும்

ஊட்டச்சத்துக்கள் எண்ணிக்கை அதிகமாகிறது. மேலும் செரிமானத்திற்கு உதவக்கூடிய நுண்ணுயிரிகளை இவை அதிகரிக்க உதவும். சாதாரணமாக உண்ணப்படும் காய்கறிகளுக்குப் பதிலாக நொதித்தல் முறையில் செய்யப்படும் காய்கறிகள் மற்றும் பழங்கள் செரிமானத்தைத் தூண்டுவதற்கு உதவுகின்றன.

உப்பிட்ட நெல்லிக்காய், உப்பிட்ட மாங்காய் ஆகியவை சுவை கூடுவதற்கு அதில் சேர்க்கப்பட்டுள்ள உப்பு, அதில் நடைபெறும் நொதித்தல் தான் முக்கியக் காரணம். சர்க்கரை நொதித்தலுக்கு உள்ளான பின்பு அதிலிருந்து கார்பன்டைஆக்சைடு, ஆல்கஹால் மற்றும் நறுமணவாயுக்கள் வெளி வருகின்றன.

பிரட் தயாரிப்பதில் பாக்டீரியாக்களால் உருவாக்கப்படும் கார்பன்டைஆக்சைடு அதன் உள்ளே பிடித்து வைக்கப்படுவதால். சிறிய சிறிய துளைகள் வழியாக வெளிவந்து இலகுவான பொருளாக மாறுகிறது. அதனால் நம்மால் எளிதில் சாப்பிட முடிகிறது. இப்படிப் பாக்டீரியாக்களைக் கொண்டு செய்யாமல் செயற்கையாகக் கார்பன்டைஆக்சைடு உருவாக்குவதற்குச் சமையல் சோடா பயன்படுத்தப்படுகிறது. சில நேரம் சமையல் சோடா உடன் ஈஸ்டும் சேர்த்துத் தயாரிக்கப்படுகின்றன. இதனால் நுண்ணுயிரிகள் சேர்த்துப் பிரட் உருவாக்குவதை விட மிக வேகமாகப் பிரட் தயாரிக்க முடியும்.

உயிரி தொழில்நுட்பமானது பல பகுதிகளில் பயன்பாடுகளைக் கொண்டுள்ளது. சுகாதாரப் பாதுகாப்பு, பயிர் உற்பத்தி மற்றும் விவசாயம், தொழில்துறை, பயிர்கள் மற்றும் மக்கும் பிளாஸ்டிக், தாவர எண்ணெய், உயிரி எரிபொருள் போன்ற பிற பொருட்களின் பயன்பாடுகள்.

உணவு பதப்படுத்தும் துறையில் உள்ள உயிரி தொழில்நுட்பமானது, உணவைப் பாதுகாப்பதற்கும், நொதிகள், சுவை கலவைகள், வைட்டமின்கள், நுண்ணுயிர் கலாச்சாரங்கள் மற்றும் உணவுப் பொருட்கள் போன்ற மதிப்புக் கூட்டப்பட்ட பொருட்களின் உற்பத்திக்கும் நுண்ணுயிரிகளைப் பயன்படுத்துகிறது.

சிகிச்சை, நோய் கண்டறிதல், விவசாயத்திற்கான மரபணு மாற்றப்பட்ட பயிர்கள், பதப்படுத்தப்பட்ட உணவு, உயிரியல் திருத்தம், கழிவு சுத்திகரிப்பு மற்றும் ஆற்றல் உற்பத்தி ஆகியவற்றிலும் உயிரி தொழில்நுட்பமானது பயன்படுகிறது. இன்சுலின், வளர்ச்சி ஹார்மோன், மூலக்கூறு அடையாளம் மற்றும்

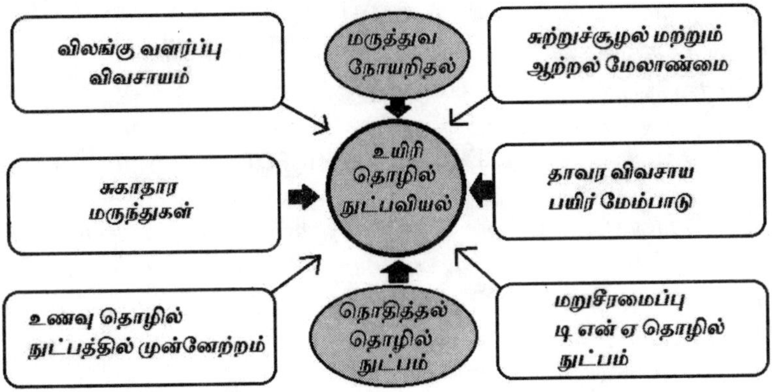

உயிரே தொழில்நுட்பவியல் பயன்படும் துறைகள்

நோயறிதல், மரபணு சிகிச்சைகள் ஆகியவை உயிரி தொழில்நுட்பத்தின் சில மைல்கற்கள்.

இப்படி உயிரி தொழில்நுட்பத்தின் பயன்களை அடுக்கி கொண்டே செல்லலாம்.

10

உயிரி எரிபொருள்

கொரோனா ஊரடங்கு உத்தரவு ஜூன், 2020ல் படிப்படியாக விலக்கிக் கொள்ளப்பட்டது. அத்தியாவசிய தேவைக்காக மட்டும் மக்கள் வேலைக்குச் செல்ல வேண்டும் என்று கட்டளை பிறப்பிக்கப்பட்டது.

கணிப்பொறியில் வேலை செய்யும் தகவல் தொழில்நுட்ப நிறுவனங்கள், ஊழியர்களை வீட்டில் இருந்து பணி செய்தால் போதும் என்றும் கூறியிருந்தார்கள். ஊரடங்கு உத்தரவின்போது அனைத்து போக்குவரத்தும் முடக்கப்பட்டிருந்ததால் சுற்றுச்சூழல் எப்படி மாறுபட்டது என்று பலவிதமான செய்திகள் வந்து கொண்டிருந்தன.

இந்தச் செய்திகளைப் பார்த்துவிட்டு வந்த ஒரு சிறுவன் “அண்ணா நேற்றைய செய்தித்தாளில் ஊரடங்கு உத்தரவின் காரணமாக டெல்லி போன்ற பெருநகரங்களில் பெருமளவு மாசு குறைந்துவிட்டது என்று கூறினார்கள். பெட்ரோல், டீசல் வாகனத்தில் நிறைய மாசு வருகிறது அல்லவா, இங்கே உங்கள் நுண்ணுயிரி தொழில்நுட்பம் உதவாதா?” என்ற ஐயத்தை எழுப்பினான்.

“எப்படி உதவாமல் போகும். அங்கேயும் நுண்ணுயிரி தொழில்நுட்பம் உதவும். அதற்கு முன்பு இன்று நாம் பரவலாகப் பயன்படுத்தும் வாகன எரிபொருளை பற்றி முதலில் புரிந்து கொள்வோம்” என்று விளக்க ஆரம்பித்தான் அபி.

கடந்த 200 ஆண்டுகளில் உலக மக்கள்தொகை ஆறு மடங்கு அதிகரித்துவிட்டது. 150 ஆண்டுகளுக்கு முன்பாகக் கண்டுபிடித்த குருடாயிலிருந்து டீசல், பெட்ரோல் போன்ற புதைபடிவ எரிபொருட்கள் கண்டுபிடிக்கப்பட்டன. அதன் பயனாக இவற்றால் இயங்கும் இயந்திரங்கள் கண்டுபிடிக்கப்பட்டது. இன்றைய தேதிக்கு 150 கோடிக்கும் அதிகமான வாகனங்கள் பயன்பாட்டில் உள்ளன. வாகனங்கள் மற்றும் எரிபொருள் தேவைக்குப் புதைபடிவ எரிபொருட்கள் முக்கியப் பங்காற்றுகின்றன.

அது என்ன புதைபடிவ எரிபொருள் அதை எப்படித் தயாரிக்கிறார்கள்?

பூமியில் புதையுண்டு போன காடு, மலைகள் நாட்கணக்கில் பூமியின் அழுத்தத்தாலும் வெப்பத்தாலும் உருமாறி நிலக்கரியாகவும் குருடாயிலாகவும் மாறுகின்றன. இதைத்தான் எதேச்சையாகக் கண்டுபிடித்த மனிதன் நமக்குத் தேவையான எரிபொருள் புதைபடிவ வடிவில் இருக்கிறது என்று உபயோகிக்க ஆரம்பித்துவிட்டான். “ஆற்றில் போட்டாலும் அளந்து போட வேண்டும்” என்பது போல், அதிகப்படியாக இந்த எரிபொருட்களை நம்பி நமது இயந்திரப் பயன்பாடு தொடங்கியது. அதனால் நாளடைவில் இவை தீர்ந்து போகும் அபாயம் உள்ளது என்று கண்டறியப்பட்டது. மேலும் அதிகப்படியான இதன் உபயோகங்கள் சுற்றுச் சூழல் மாசுபாட்டையும் உருவாக்கிவிட்டது.

வேட்டையாடி வாழ்ந்த மனிதன் ஓரிடத்தில் தங்கி வாழ ஆரம்பித்த பொழுது அவனுடைய உணவு தேவைக்காக விவசாயம் கை கொடுத்தது. அதேபோல் நமக்குத் தேவையான எரிபொருட்களை நாள் கணக்கில் புதையுண்டு உருவாகும் புதைபடிவ எரிபொருட்களுக்குப் பதிலாக உயிரிப் பொருட்களில் இருந்து உருவாக்கும் எரிபொருட்கள் தான் “உயிரி எரிபொருள் (Bio fuels)” எனப்படுகின்றன. பொதுவாக உயிரி பொருட்களான புல், மரம், பயிர் வகைகள், மரங்கள், விலங்குகள் மற்றும் விவசாயக் கழிவுகள் ஆகியவற்றை உயிரி எரிபொருள்களாக மாற்றலாம். இவற்றை முதல் தலைமுறை உயிரி எரிபொருள் என்று கூறுகிறார்கள்.

விவசாயக் கழிவுகளை எரிபொருளாக மாற்ற முடியுமா? ஆச்சரியமாக இருக்கிறது. கழிவுகள் உரமாக மட்டும் அல்லவா மாறும் என்று நினைத்துக் கொண்டிருந்தோம்.

இந்தப் பொருட்களை வேதிவினை மூலமாகவும், நொதித்தல் அல்லது வெப்பம் கொடுப்பதன் மூலமாகவும் அவற்றில் உள்ள ஸ்டார்ச் மூலக்கூறுகளை உடைத்து உயிரி எரிபொருள் தயாரிக்கப்படுகிறது. இதனால் உயிரி எரிபொருட்கள் உணவுப் பொருட்களைப் போல விரைவாகத் தயாரிக்க முடியும். அறுவடை செய்யும் கரும்பை அடுத்த ஒரு மாதத்தில் வாகனத்திற்கு உபயோகிக்கப்படும் உயிரி எரிபொருளாக எளிதாக மாற்றிவிட முடியும். புதைபடிவ எரிபொருட்கள் உருவாகுவது போல்

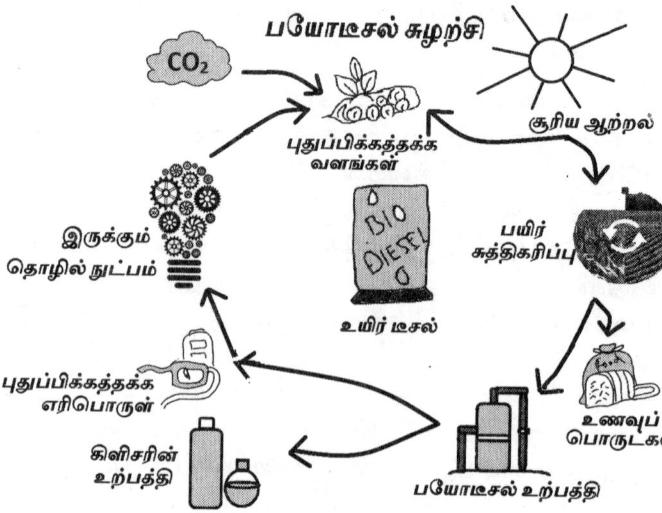

பயோடீசல் உற்பத்தி செய்யும் முறை

கோடிக்கணக்கான ஆண்டுகள் காத்திருக்க வேண்டிய தேவை இல்லை.

உயிரி எரிபொருள் உபயோகிப்பதால் மாசுக்கள் குறைய வாய்ப்பு இருக்கிறதா?

ஹைட்ரஜனும் கார்பனும் உள்ள பொருட்கள் எரிபொருளாகப் பயன்படுத்தப்படுகின்றன. நாம் பயன்படுத்தும் பெட்ரோல், டீசல், மண்ணெண்ணெய் உட்பட அனைத்து எரி பொருட்களிலும் இந்த ஹைட்ரோகார்பன்கள் தான் காணப்படும். நமது உடலுக்குத் தேவையான ஆற்றலைத் தரும் சுக்ரோசும் இந்த வகை ஹைட்ரோகார்பன் தான். உயிரி எரிபொருளும் இந்த ஹைட்ரோகார்பன்களால் தான் ஆனது. மேலும் அதில் ஆக்ஸிஜனும் உள்ளது. அதனால் உயிரி எரிபொருள் பயன்படுத்தப்படும்போது, ஆக்ஸிஜன் எரிபொருளில் இருப்பதால் காற்று மாசடைவது குறைகிறது.

“பொங்கலுக்குச் சாப்பிடும் கரும்பு, எப்படி எங்கள் வீட்டு காரை இயக்கும் எரிபொருளாக மாறுகிறது” என்று ஆர்வத்தை அடக்க முடியாமல் கேட்டான் ஒரு சிறுவன்.

ஒரு டன் கரும்பிலிருந்து 120 கிலோ சர்க்கரையும் 50 கிலோ மொலசெஸ் கிடைக்கிறது. மொலாசஸை எத்தனாலாக மாற்றி

உயிரி எரிபொருள் தயாரிக்கலாம். ஆனால் மொத்த கரும்பையும் உயிரி எரிபொருளாகத் தயாரிக்கும்போது கிட்டத்தட்ட 50 விழுக்காடு உயிரி எரிபொருள் கிடைக்கும். இதைப்போலவே சோளப் பயிரில் இருந்தும் கணிசமான அளவு உயிரி எரிபொருள் தயாரிக்கப்படுகிறது.

உயிரி எரிபொருள் உற்பத்தியில் அமெரிக்கா, பிரேசில் ஆகிய நாடுகள் முன்னிலை வகிக்கின்றன. 2021 ஆண்டு உலக அளவில் தயாரிக்கப்பட்ட உயிரி எரிபொருளான எத்தனாலின் அளவு இந்தியாவில் உபயோகிக்கப்பட்ட பெட்ரோலில் 30 விழுக்காட்டுக்கும் அதிகம் என்பது அதன் பயன்பாட்டை நமக்குத் தெரிவிக்கிறது.

அமெரிக்காவில் உபயோகிக்கப்படும் பெட்ரோலில் பெருமளவு எத்தனால் கலந்துள்ளது. பொதுவாக 10 விழுக்காடு எத்தனால் கலந்த பெட்ரோல் அங்கு உபயோகிக்கப்படுகிறது. சோளத்தைப் பொடியாக மாற்றி அதிலுள்ள ஸ்டார்ச் சர்க்கரையாக மாற்றப்படுகிறது. பின்னர் நொதித்தல் முறையில் சர்க்கரையிலிருந்து எத்தனால் தயாரிக்கப்படுகிறது. அமெரிக்காவில் பயிரிடப்படும் சோளத்தில் 40 விழுக்காட்டுக்கும் கூடுதல் எரிபொருள் தேவைக்காக மட்டுமே பயன்படுத்தப்படுகிறது என்கிறது ஒரு ஆய்வு.

சர்க்கரையிலிருந்து உயிரி எரிபொருள் தயாரிப்பதில் பிரேசில் முன்னோடியாக விளங்குகிறது. சோளம், சோயா போன்ற மற்ற பொருட்களை விடக் கரும்பு உயிரி எரிபொருள் தயாரிப்பதற்குச் சிறந்த ஒரு பயிராக இருக்கிறது. கடந்த ஆண்டுப் பிரேசிலில் உற்பத்தி செய்யப்பட்ட 4000 கோடி லிட்டர் எத்தனாலில், 96

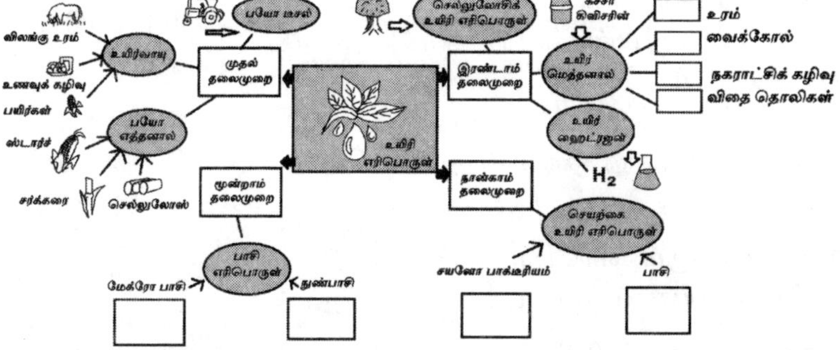

எதிர்கால தேவையை பூர்த்தி செய்யும் உயிரி எரிபொருள் தயாரிப்பு முறைகள்

விழுக்காட்டுக்கு மேல் கரும்பிலிருந்து தான் தயாரிக்கப்பட்டன. அவர்களுடைய உள்நாட்டு உற்பத்தியில் பெரும்பாலான கரும்பு, எரிபொருள் தயாரிப்பதற்குப் பயன்படுத்தப்படுகிறது.

உயிரி எரிபொருளான எத்தனாலை நம்மிடம் இருக்கும் வாகனங்களில் நேரடியாகப் பயன்படுத்த முடியுமா? அல்லது மாற்றங்கள் தேவையா?

உயிரி எரிபொருள்களின் தன்மை பெட்ரோலை ஒத்து இருப்பதால் பெட்ரோல் இயந்திரத்தில் நேரடியாகவோ அல்லது பெட்ரோலுடன் கலந்து பயன்படுத்த முடியும். அதே வேளையில் குறைந்த அளவு, அதாவது 30 விழுக்காடு வரை டீசலில் கலந்தும் டீசல் இயந்திரத்திலும் பயன்படுத்த முடியும்.

உயிரி எரிபொருட்களைப் பற்றிப் பொதுமக்களிடம் விழிப்புணர்வை ஏற்படுத்துவதற்காக ஒவ்வொரு வருடமும் ஆகஸ்ட் 10ஆம் தேதி உயிரி எரிபொருள் தினம் கொண்டாடப்படுகிறது. ஆண்டுக்கு 8 விழுக்காட்டிற்கு மேல் அதிகமாக வளர்ச்சி பெரும் உயிரி எரிபொருள் எதிர்காலத்தில் புதைபடிவ எரிபொருளுக்கு மாற்றாக இருக்கும்.

உயிரி எரிபொருள்கள் பசுமை வாயுக்கள் உமிழ்வைக் குறைப்பதன் மூலம் பெட்ரோலை விடத் தூய்மையானவை மட்டுமல்ல, மேம்படுத்தப்பட்ட விவசாய முறைகளால் மலிவானவை. உயிரி எரிபொருட்களைச் செயல்படுத்துவதன் மூலம், நமது பசுமைப் பொருளாதாரம் குறைந்த கார்பன்-செறிவான சூழலுக்கு மாறலாம்.

இது எல்லாத்தையும் விட ஒரு ஆச்சரியமான செய்தி இருக்கிறது என்றான் அபி.

உயிரி எரிபொருளை நுண்ணுயிரிகளின் வகையான பாசிகளில் இருந்து தயாரிக்க முடியும். இதை மூன்றாம் தலைமுறை உயிரி எரிபொருள் என்கிறோம்.

பொதுவாக எந்த ஒரு தாவரத்தை விளைவிக்கும் போதும் அதில் எவ்வளவு எண்ணெய் உற்பத்தி செய்யப்படுகிறது என்ற கணக்கு இருக்கிறது. உதாரணத்திற்கு ஒரு ஹெக்டேரில் பயிரிடப்படும் சோயாவிலிருந்து 446 லிட்டர் எண்ணெய் எடுக்கலாம். அதே போல் சூரியகாந்தி செடியில் இருந்து 952 லிட்டர் கிடைக்கும். பாமாயிலில் அதிகபட்சமாக 590 லிட்டரும் தென்னை சாகுபடியில் 2600 லிட்டரும் கிடைக்கும். ஆமணக்கில் 1400 லிட்டர் கிடைக்கும்.

இவையுடன் பாசிகளை ஒப்பிட்டால், ஒரு ஹெக்டேரில் ஒரு லட்சம் லிட்டர் வரை எண்ணெய் எடுக்க முடியும். அதனால் நுண்ணுயிரிகளிலிருந்து நேரடியாக எடுக்கப்படும் உயிரி எரிபொருட்களின் உற்பத்தியை பல மடங்கு அதிகரிக்க முடியும்.

உயிரி எரிபொருள் தயாரிப்பதிலும் நொதித்தல் முறை தான் கையாளப்படுகிறதா?

நுண்ணுயிரிகள் பொருட்களை மக்க வைப்பதற்கு வித விதமான தொழில்நுட்பங்களைப் பயன்படுத்துகின்றன. நீராற்பகுப்பு (hydrolysis) முறையில் செய்யும் நுண்ணுயிரிகள் இருக்கின்றன. அதே நேரத்தில் நொதித்தல் (fermentation) முறையில் செய்கின்றன. காற்று இல்லாத ஆக்சிஜனேற்றம் (anaerobic oxidation) என்று காற்றில் வாழாத நுண்ணுயிரிகளும் செய்கின்றன. மீத்தேன் உருவாக்கும் முறைகளையும் கையாளுகின்றன.

உயிரி ஹைட்ரஜன் என்பது ஆர்கானிக் கழிவுகளைக் காற்றில்லா சூழ்நிலையில் மக்க வைத்து மீத்தேனை உருவாக்கும் ஒரு முறையாகும்.

"முன்பு கூறிய போது உயிர் எரிபொருளால் சுற்றுச்சூழல் பாதிப்புக் குறைவு என்று கூறினீர்களே அது எப்படி என்பது சரியாக எனக்குப் புரியவில்லை" என்றாள் ஒரு சிறுமி.

இன்று நாம் இருசக்கர வாகனம், கார் மற்றும் விமானத்தில் உபயோகிக்கும் எரிபொருட்களில் ஆக்சிஜன் கிடையாது. (பெட்ரோல் : C_8H_{18}, டீசல் $C_{10}H_{20}$ to $C_{15}H_{28}$)

"ஆனால் பொருள் எரிவதற்கு என்ன வேண்டும்?" என்றான் அபி. அனைவரும் ஒரு சேர சத்தமாக ஆக்சிஜன் தேவை என்றனர்.

"எரிவதற்குத் தேவையான ஆக்சிஜனை காற்றில் இருந்து தான் எடுக்கின்றோம். ஒரு காரில் 10 கிலோ பெட்ரோல் நிரப்பப்பட்டால் அதை முழுவதும் பயன்படுத்த அதைவிட 14 மடங்கு அதாவது 140 கிலோ காற்றை நாம் வளிமண்டலத்தில் இருந்து எடுத்துக் கொள்கிறோம்" என்று அபி கூறியவுடன் அதைக் கேட்டுக் கொண்டிருந்தவர்கள் வாயடைத்து போயினர்.

ஆனால் உயிரி முறையில் தயாரிக்கப்படும் எத்தனால் (C_2H_6O) போன்றவற்றில் ஆக்சிஜனும் கலந்துள்ளது. அதனால் இந்த எரிபொருட்களை எரிப்பதற்குக் காற்றில் இருந்து எடுக்கப்படும்

ஆக்சிஜனின் அளவு குறைகிறது. அதேபோல் கிரீன் ஹவுஸ் வாயுக்கள் எனப்படும் பசுமை வாயுக்கள் வெளியீடு குறைகிறது. இந்த உயிரி எரிபொருளில் இருந்து வெளிவரும் கரியமில வாயு பெட்ரோல் டீசலில் இருந்து வருவதை விட 80 விழுக்காடு குறைவாக இருக்கும். அதனால் கார்பன் சமநிலையை உருவாக்க முடிகிறது.

உயிரி எரிபொருளால் போயிங்-380 என்ற விமானம் வெள்ளோட்டம் பார்க்கப்பட்டுள்ளது.

“நேற்று உனது அப்பா எனது மாமாவிடம் பேசிக் கொண்டிருக்கும்போது இந்த வருடம் விளைச்சல் சரியில்லை என்று கூறினார் என்ன ஆனது?” என்றான் அபி.

பூச்சி தாக்குதலால் எங்கள் பயிரில் விளைச்சல் குறைந்துவிட்டது. என்று விளக்கம் கூற ஆரம்பித்தான் ஒரு சிறுவன். மேலும் இதே போன்று நுண்ணுயிரியை வைத்து எரிபொருளுக்காக நீங்கள் உருவாக்கும் பயிர்களுக்குப் பிரச்சனை வந்து விடாதா?

பாசியை வைத்து உயிரி எரிபொருள் தயாரிப்பது ஒருபுறம் இருந்தாலும், மாறுபட்ட அதீத சூழ்நிலைகளிலும் இவற்றை வளர்க்க முடியும் என்பது தான் நமக்கு நன்மை. பாலைவனங்களிலும், உப்பு நீர் அதிகமாக உள்ள கடல் பரப்புகளிலும், பச்சை பாசிகளை வளர்க்க முடியும். அதனால் சாதாரணமாகப் பயிரிடும் சோளம் மற்றும் கரும்பு பயிர்களில் இருந்து வேறுபட்டு அதிகமாகப் பயிரிட முடியும்.

எதிர்கால எரிபொருள் தேவைக்கு நுண்ணுயிரிகளால் உருவாக்கப்படும் பொருட்களிலிருந்து தயாரிக்கப்படும் உயிரி எரிபொருள் ஒரு மாற்று வழி என்பதை அறிந்து கொண்ட சிறுவர்கள் விளையாடுவதற்காகச் சென்றனர்.

11

நுண்ணுயிரி இல்லா வாழ்க்கை சாத்தியமா?

இப்படி ஊரடங்கு உத்தரவு காலம், நுண்ணுயிரிகளைப் பற்றித் தெரிந்து கொள்ள அரிய வாய்ப்பாகக் குழந்தைகளுக்கு இருந்தது. இதையெல்லாம் கேட்டுக் கொண்டு எப்பொழுதும் அமைதியாக இருந்த ஒரு சிறுவன் மிகப்பெரிய ஒரு கேள்வியை அபியிடம் கேட்டான்.

"எந்தத் துறையைக் கேட்டாலும் நுண்ணுயிரி உதவி செய்கிறது என்று கூறுகிறீர்கள். மனிதன் உயிரோடு இருப்பதற்கும் நுண்ணுயிரி தேவை என்கிறீர்கள். தாவரங்களுக்கும் நுண்ணுயிரி தேவை என்று கூறினீர்கள். நுண்ணுயிரி இல்லாத வாழ்க்கையை நம்மால் வாழ இயலாதா?" என்ற தனது மிகப் பெரிய ஐயத்தை விவாதத்திற்கு முன் வைத்தான்.

சகவாழ்வு என்பது ஒரு உயிரி மற்றொரு உயிரியை சார்ந்து வாழ்வதாகும். நுண்ணுயிரிகள் மனிதனின் உடல் முழுவதும் இருப்பதால்தான் மனிதன் நலமாக வாழ்கிறான். மகரந்த சேர்க்கை நடைபெறுவதற்குத் தேன் குடிக்கும் வண்டுகள், தேனீ, சிட்டுகள் தேவை. இவை இல்லை என்றால் உலகத்தில் சில ஆண்டுகளில் செடிகள் இல்லாமல் போகும். ஆனால் அதைவிட எண்ணற்ற மடங்கு இந்த நுண்ணுயிரிகளுடன் புவியில் உள்ள விலங்குகளும் மனிதர்களும் வாழும் சகவாழ்வு அமைப்பு முக்கியத்துவம் பெறுகிறது.

இரவு, இந்த விவாதம் நடைபெற்றுக் கொண்டிருக்கும் போது அவர்களைச் சுற்றி மின்மினி பூச்சிகள் பறந்து கொண்டு இருந்தன. அதைப் பிடித்துக் கொண்டு வந்த சிறுவன், அந்தக் காலத்தில் ஒளி எழுப்பும் "உயிரி பல்பு" இது தான் என்று விளையாட்டாகக் கூறினான்.

நுண்ணுயிரிகள் சகவாழ்வு முறையில் ஒளி எழுப்புகின்றன என்று அதற்கும் பதில் வைத்திருந்தான் அபி.

மின்மினி பூச்சிகளில் தேவையான ஒளியை உருவாக்குவதற்கு அவற்றின் உடலில் உள்ள வேதிவினை பயன்படுகிறது.

கடலின் ஒரு கிலோமீட்டர் ஆழம் வரை வாழும் இந்த மீன் ஒளிரக்கூடிய பாக்டீரியாக்களின் துணை கொண்டு ஒளியை உருவாக்கிக் கொள்கிறது.

அதேபோல் மீன்களில் ஒரு வகைத் தனது உடலில் உள்ள புரோட்டினை உபயோகித்து ஒளியை உருவாக்குகிறது. உணவு கிடைக்காத பொழுது தேவையில்லாமல் ஒளியை உருவாக்கி ஆற்றலை வீணடிக்காமல் அமைதியாக இருக்கிறது.

ஆனால் ஒளியை உருவாக்குவதற்காகப் பாக்டீரியாக்களுடன் சகவாழ்வு முறையில் வாழும் மீன்களும் இருக்கின்றன. அவை தனது உடலில் பாக்டீரியாக்கள் வளர்வதற்கு இடத்தை ஒதுக்குகின்றன. அதற்குப் பிரதி பலனாகப் பாக்டீரியாக்கள் தேவையான பொழுது ஒளியை உமிழ்கின்றன. கடலின் ஆழத்தில் இருக்கும் மீன்கள் இப்படிச் சகவாழ்வு முறையில் வாழ்கின்றன.

இருட்டில் நமக்குக் கண் தெரியாது. அதனால் ஒளி தேவைப்படுகிறது என்று நினைத்தேன். ஆனால் தண்ணீரில் வாழும் மீன்களுக்கும் கண் தெரியாமல் போய்விடுமா? ஏன் அவை நுண்ணுயிரிகளின் உதவியுடன் ஒளியை உருவாக்க வேண்டும்?

இந்த ஒளி பாதையைப் பார்ப்பதற்கு அவற்றிற்குத் தேவைப்படாது. அதற்குப் பதிலாக எதிரி நெருங்கி வரும் பொழுது இதைப் பயன்படுத்துகிறது. உன்னை விட நான் பெரிய ஆள் என்ற செய்தியை தெரிவிக்க, தனது உடலில் தங்கி இருக்கும் பாக்டீரியாக்களுக்கு ஒளியை எழுப்புங்கள் என்று இந்த மீன்கள்

உத்தரவு இடும். திடீரென்று மீனின் உடலில் இருந்து ஒளி வருவதைப் பார்த்து அதைப் பிடிக்க வரும் பெரிய மீன்கள் மற்றும் மற்ற உயிரினங்கள் பயந்து சென்று விடும். இது தற்காத்துக் கொள்வதற்கான ஒரு வித்தை ஆகும்.

முன்பே நாம் விவாதித்த படி, எளிதில் உண்ண முடியாத, ஜீரணிக்க முடியாத பொருட்களை உடைத்து உயிர்களுக்குத் தேவையான உணவுப் பொருளாக மாற்றுவதில் நுண்ணுயிரிகள் முக்கியப் பங்கு வகிக்கிறது. ஆழ்கடலில் இருக்கும் விலங்குகள், பாக்டீரியாக்கள் இல்லை என்றால் தனக்குத் தேவையான உணவு கிடைக்காமல் இறந்து போய்விடும்.

ஆஸ்திரேலியாவில் உள்ள பவளப்பாறைகளில் 200 ஆண்டுகளுக்கும் அதிகமான வயதுள்ள சிப்பிகள் இருக்கின்றன. மூப்பின் காரணமாக அந்தச் சிப்பிகளால் மூட இயலாது. இவை இன்னும் உயிரோடு இருப்பதற்கு அவற்றைப் பாதுகாக்கும் நுண்ணுயிரிகளின் பங்கு அளப்பறியது. சிப்பிகளின் மேற்பரப்பில் வாழ்வதற்கு இடம் கொடுக்கப்படும் பாக்டீரியாக்கள், தனக்கு தேவையான உணவை சிப்பிகளிலிருந்து பெற்று, சிப்பிகளைச் சேதப்படுத்த வரும் விலங்குகளை விரட்டுவதற்கான யுக்திகளைச் செய்கின்றன.

நமக்குத் தெரியாமல், நாம் எண்ணிப் பார்க்க முடியாத உதவிகளைச் செய்து கொண்டிருக்கும் நுண்ணுயிரிகள் இல்லாத ஒரு வாழ்க்கையை நினைத்துக் கூடப் பார்க்க முடியாது. எப்படித் தொழிலாளிகள் வேலை நிறுத்தம் செய்யும்பொழுது அந்தச் சேவை ஸ்தம்பித்து விடுகிறதோ, அதுபோல் நுண்ணுயிரிகள் வேலை செய்யவில்லை என்றால் உலகமே ஸ்தம்பித்து விடும்.

தினமும் உருவாகும் கோடிக்கணக்கான குப்பைகள் மக்காமல் குப்பை சேர்ந்து விடும். கடலில் கலக்கும் மாசுக்கள் சுத்தம் செய்யப்படாமல் கடல் மாசடைந்து போய்விடும். ஒவ்வொரு மனிதனும் சாப்பிடும் உணவும் செரிமானம் ஆகாமல் மனித குலமே அழிவுக்குச் செல்வதற்கும் வாய்ப்பு இருக்கிறது. இப்படிச் சகவாழ்வு முறையில் வாழும் நுண்ணுயிரிகள் கண்டிப்பாக மனிதனுக்கும் இந்தப் புவி உயிர்ப்போடு இருப்பதற்கும் நிச்சயமாகத் தேவை.

எண்ணற்ற வகையான நுண்ணுயிரிகள் இருக்கின்றன. ஒருவகையான நுண்ணுயிரி மற்றும் பல்கி பெருகினால் அவற்றால்

பயன் இருக்காது. வனத்தில் சிங்கங்கள் மட்டும் பெருகிக்கொண்டே இருந்தால் ஒரு கட்டத்தில் சிங்கத்திற்கு உணவு கிடைக்காமல் போய்விடும். மரங்களை வளர்ப்பதற்கு யானையின் உதவி முக்கியம் சிங்கத்திற்கு உணவு தேவை என்றால் மான்கள் தேவை. இப்படி உணவு சங்கிலியில் பல விலங்குகள் வருவது போல் வனத்தில் உள்ள மரங்கள் செழித்து வளர பல்வேறு உயிரினங்கள் தேவைப்படுகின்றன. அதேபோன்று எந்த வகையான நுண்ணுயிரிகள் தேவை அவை அனைத்தும் தேவையான அளவு இருக்கின்றனவா என்பதைப் பற்றிய ஆராய்ச்சி மிகவும் முக்கியமாகிறது.

ஒரு நுண்ணுயிரிக்கு உணவு மற்றொரு நுண்ணுயிரி தான். அதனால் தான் இருக்கும் சூழ்நிலையில் மற்ற எல்லா நுண்ணுயிரிகளையும் சாப்பிட்டு அதன் இனத்தை மட்டும் பெருக்கினால் அது பிரச்சனையில் தான் முடியும். பாக்டீரியாக்களுக்குத் தனது இனம் மற்ற இனம் என்று எதுவும் கிடையாது தனது இனத்தில் இருந்து போன பாக்டீரியாக்கள் அது உணவாகவே உட்கொண்டு வாழும்.

அரிதாகக் கிடைக்கும் பாக்டீரியாக்களை உடனடியாக ஆராய்ச்சி செய்ய வேண்டும். இல்லை என்றால் 100 சிங்கங்களுக்கு இடையே மாட்டிக்கொண்ட ஒரு மாட்டை போல தடயங்கள் ஏதும்

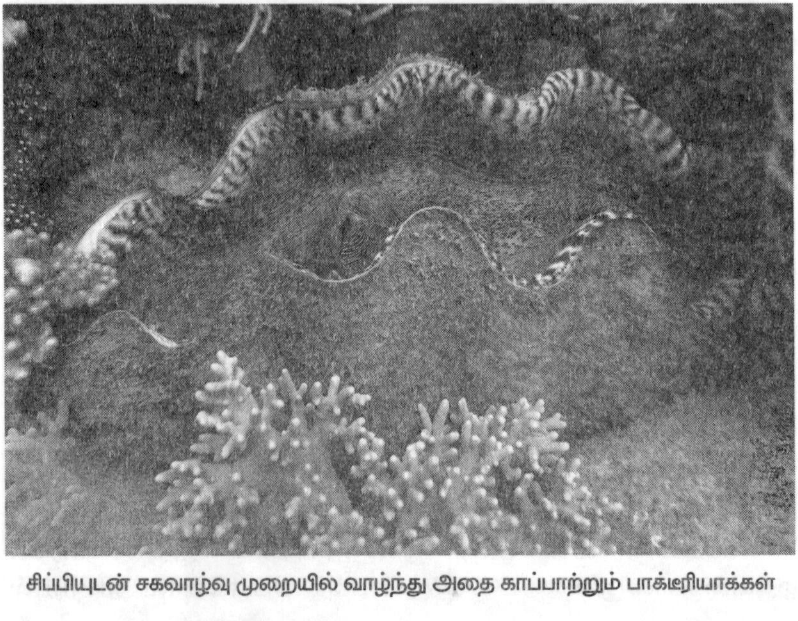

சிப்பியுடன் சகவாழ்வு முறையில் வாழ்ந்து அதை காப்பாற்றும் பாக்டீரியாக்கள்

இல்லாமல் மாடு சிங்கங்களுக்கு உணவாக மாறிவிடும். நாம் பொறுமையாக ஆற அமர கிடைத்த மாதிரிகளை ஆய்வகத்திற்குக் கொண்டு சென்று ஆய்வு செய்தால் அங்கே மாடு இருந்ததற்கான தடையமே இருக்காது. அதனால் தான் மாதிரிகள் பெறப்பட்ட இடங்களிலேயே உடனடியாக எந்தவிதமான நுண்ணுயிரிகள் என்று ஆராய்ச்சி செய்கிறார்கள் அல்லது மாதிரிகள் பெறப்பட்டவுடன் தனியாகப் பிரித்து வைத்துப் பின்னர்ப் பாக்டீரியாக்களின் வகையைக் கண்டறிகிறார்கள்.

பொதுவாக எந்த விதமான நுண்ணுயிர்கள் என்று கண்டுபிடிப்பதற்கு முதலில் மாதிரிகள் எடுக்க வேண்டும். அந்த மாதிரிகளில் போதுமான அளவு நுண்ணுயிரி இருக்காது. நிறைய இருந்தால் தானே மிக எளிதில் கண்டுபிடிக்க இயலும். நமது வயக்காட்டில் உள்ள ஒரு கை நெல்லை கொண்டு வரவும். அந்த நெல்லில் ஒரு சில பச்சை பயிரை கலக்கவும். இப்பொழுது பச்சை பயிரை கண்டுபிடிக்கக் கூறினால் சற்றுச் சிரமமாக இருக்கிறது அல்லவா?

இந்தப் பச்சை பயிறு தான் நோய் பரப்பும் நுண்ணுயிர் என்று வைத்துக் கொள்ளுங்கள் இது இருக்கிறதா? இல்லையா? என்பதை நாம் கண்டறிய வேண்டும். அதற்காக இந்த மாதிரியில் இருந்து சிறிதளவு எடுக்கப்படுகிறது. அந்தச் சிறிதளவில் எண்ணற்ற நெல்மணிகளும் ஒன்றோ இரண்டோ பச்சை பயிர்கள் மட்டும் தான் வரும். ஆனால் இதை நுண்ணுயிரி வளர்க்கும் தட்டில் வைத்து அந்த நுண்ணுயிரி எவ்வளவு வேகத்தில் வளர்கிறது என்பதைப் பொறுத்து சில நிமிடங்கள் முதல் சில மணி நேரங்கள் வளர்க்க வேண்டும்.

நமது வளர்க்கும் தட்டுப் பச்சை பயிராக இந்தத் தட்டில் இருக்கும் கிருமியை வளர வைக்க ஏதுவாக அமையும். அது வளர்ந்து தன்னைச் சுற்றி உள்ள நெல்மணிகளை உண்டு விடும். சில மணி நேரத்தில் நோய் பரப்பும் கிருமிகள் உடைய நுண்ணியிரி மட்டும் இருக்கும். அதை நுண்ணோக்கி வழியாகப் பார்த்து நோய் தாக்குதல் இருக்கிறது என்பதைக் கண்டுபிடிக்கின்றனர். இதைவிட வேகமாக டிஎன்ஏ கொண்டும் ஜீனை அடையாளப்படுத்தியும் நுண்ணுயிரிகள் கண்டறியப்படுகின்றன.

எங்கள் பள்ளியில் தீப்பிடித்து விட்டால் அது கண்டறிவதற்காகப் புகையறியும் கருவி பொருத்தப்பட்டுள்ளது. அந்தக் கருவியில்

ஏதாவது புகை படும் போது அங்கே நெருப்பு வந்துவிட்டது, என்று தானே நீர் தெளிக்கும். அதேபோல் நுண்ணுயிரிகள் அதிகமாக வந்து விட்டன, என்று தெரிவிப்பதற்காக உணர்வு கருவிகள் அமைக்க முடியுமா?

முதலில் நுண்ணுயிரிகள் மிகச் சிறியவையாக இருப்பதால் சாதாரணப் புகைப்படக் கருவிக்குப் பதிலாக நுண்ணோக்கியை வைத்து அவை இருக்கிறதா? என்பதை கண்டுபிடிப்பது அவ்வளவு சாத்தியமில்லை. அதே நேரத்தில் நுண்ணுயிரிகளில் இருந்து வெளியிடப்படும் ரசாயனத்திலிருந்து வரும் வாசனையை வைத்து எந்தவிதமான நுண்ணுயிரிகள் வளர்கிறது என்பதைக் கண்டுபிடிக்க இயலும். இவை அனைத்தும் ஆராய்ச்சி நிலையில் தான் இருக்கின்றன. பொதுமக்கள் நடமாடும் இடங்களில் பயன்பாட்டுக்கு வரவில்லை.

12

ஏன் நுண்ணுயிரியை தேட வேண்டும்?

நுண்ணுயிரிகளைப் பற்றி ஒவ்வொன்றாக அறிந்து கொண்டே வருவது மிகுந்த ஆச்சரியத்தை அளித்ததோடு மட்டுமல்லாமல் எண்ணற்ற சந்தேகங்களையும் குழந்தைகளுக்கு உருவாக்கியது.

அப்படியே அவர்களுடைய சந்தேகங்களும் தொடர்ந்தன. அப்படி ஒரு நாள் மீண்டும் அபியை குழந்தைகள் சந்தித்தபோது இவ்வாறு கேட்டனர். "எங்கள் வீட்டில் எத்தனை மாடுகள், எருமைகள், கோழிகள் உள்ளன என்ற எண்ணிக்கை எங்களுக்குத் தெரியும். கடந்த முறை கால்நடை மருத்துவமனைக்கு எங்கள் மாட்டைக் கொண்டு சென்றிருந்தபோது, நமது கிராமத்தில் எவ்வளவு மாடு இருக்கிறது என்று மருத்துவரை கேட்டேன், பெரும்பாலான மாடுகளுக்குக் காப்பீட்டு எடுத்துள்ளார்கள். அதற்காக அவற்றின் காதில் ஒரு வளையம் போடப்பட்டிருக்கும் எங்களிடம் அந்தத் தகவல் இருக்கிறது என்று கூறினார்"

"உனது மாட்டிற்குக் காப்பீடு திட்டம் எடுத்ததற்கும் நாம் பேசிக் கொண்டிருக்கும் நுண்ணுயிரிக்கும் என்ன சம்பந்தம் என்றான்" அவனுடைய நண்பன். அதாவது என்னுடைய கேள்வி என்னவென்றால் புவியில் எங்கெங்கு எந்த விதமான விலங்குகள் வாழ்கின்றன என்ற கணக்கெடுப்பை நடத்தியுள்ளோம். இந்தியாவில் புலி குறைந்துவிட்டது. கடந்த பத்து ஆண்டுகளில் புலிகளின் எண்ணிக்கையை அதிகரித்து விட்டோம். சிறுத்தைகள் இல்லவே இல்லை என்று அடிக்கடி செய்திகள் படிக்கின்றேன். இப்படி நமக்குத் தெரிந்த உயிரினங்களைப் பற்றிய கணக்கெடுப்பு இருக்கிறது. அதேபோன்று உலகில் உள்ள எல்லா நுண்ணுயிரிகளையும் நாம் அறிந்து கொண்டு உள்ளோமா? என்பதுதான் எனது சந்தேகம் என்றான்.

அவர்கள் இதைப் பேசிக் கொண்டிருந்தபோது வயக்காட்டின் நடுவில் நின்று கொண்டு இருந்தார்கள். இந்தக் கேள்விக்குப் பதில் கூற அபி "நாம் நிற்கும் இந்த வயலை சுற்றி எத்தனை தென்னை மரங்கள் இருக்கிறது" என்று கூறுமாறு கூறினான். ஒவ்வொன்றாக

எண்ணி 54 தென்னை மரங்கள் இருக்கின்றன என்று சரியாகப் பதில் கூறினர் குழந்தைகள்.

“குனிந்து ஒரு கை மண்ணை அள்ளி இந்த மண்ணில் எவ்வளவு மண் துகள்கள் இருக்கின்றன என்று கண்டறிய முடியுமா?” என்றான்.

கண்டறிய முடியும், ஆனால் அதற்கு நாள் கணக்கில் ஆகுமே என்றான். இதே போலத் தான் பெரிய பெரிய உயிரினங்களைப் பற்றிய கணக்கெடுப்பு நாம் செய்திருக்கிறோம். ஆனால் கண்ணுக்கு புலப்படாத நுண்ணுயிரிகளைப் பற்றிய கணக்கெடுப்பு அவ்வளவு எளிதானது இல்லை. உலகில் இருக்கும் நுண்ணுயிரிகளில் ஒரு விழுக்காட்டுக்கும் குறைவான நுண்ணுயிரிகளைப் பற்றித் தான் நாம் இதுவரை அறிந்து உள்ளோம். நமக்குத் தெரியாதவை மிக அதிகம் உள்ளன. இன்றைய தொழில்நுட்பத்தை வைத்து அனைத்தையும் கண்டறிந்து பட்டியலிடுவது இயலாத காரியம். ஆனால் எதிர்காலத்தில் அது சாத்தியமாக வாய்ப்பு இருக்கிறது.

இந்த நுண்ணுயிரியை நாம் ஏன் படிக்க வேண்டும்? இதனால் நமக்கு என்ன பயன்?

வேற்றுக் கிரகத்தில் உயிர் இருக்கிறதா? என்று மனிதர்கள் செய்யும் ஆராய்ச்சிகளில், முதலில் நுண்ணுயிரிகள் இருக்கிறதா? என்பதைத் தான் தேடுகிறான். எப்படி 370 கோடி ஆண்டுகளுக்கு முன்பாகப் புவியில் நுண்ணுயிரிகள் தோன்றி, அவற்றிலிருந்து ஒரு செல் உயிரிகள் தோன்றி, பின்னர்ப் பல செல் உயிரிகள் வந்தன. பல செல் உயிரிகள், நீரிலிருந்து நிலத்திற்கு வந்தன. தாவர வளர்ச்சியும் இப்படித்தான் தொடங்கியது. அதனால் சிறிய நுண்ணுயிரிகள் இருக்கின்றனவா? என்பதை ஆராய்வதற்காகச் செவ்வாய் கிரகத்திற்கு விண்கலன்கள் அனுப்பப்படுகின்றன.

மனிதர்கள் எங்கெல்லாம் இருக்கிறார்களோ அங்கெல்லாம் மனிதனை சுற்றி இருக்கும் நுண்ணுயிர்களைப் பற்றி ஆராய்ச்சி மிகவும் முக்கியத்துவம் வாய்ந்தது. அந்த வகையான நுண்ணுயிரிகளிடம் அவனால் தாக்குப் பிடிக்க முடியுமா? அல்லது அந்த நுண்ணுயிரிகளால் தாக்குதல் ஏற்பட்டால் மனிதர்களை எப்படிக் காப்பாற்றுவது என்பது மிக முக்கியம். அதனால் தான் சர்வதேச விண்வெளி நிலையம் போன்ற இடங்களில் எந்த விதமான நுண்ணுயிரிகள் வாழ்கின்றன என்று ஆராய்ச்சிகள் நடைபெற்று வருகின்றன. நுண்ணுயிரிகளை வெப்பம் மூலமாகவும்,

எக்ஸ்போஸ் என்ற ஆராய்ச்சியில் சர்வதேச விண்வெளி நிலையத்தின் ஒரு பாகமாக இருக்கும் கொலம்பஸ் ஆய்வரைக்கு மேலே வைக்கப்பட்டிருந்த நுண்ணுயிரிகள் அடங்கிய சோதனை பெட்டி

வேதிப்பொருட்கள் கொண்டும் சுத்தம் செய்ய முடியும். அதேபோல் அதீத கதிரியக்கத்திற்கு அவைகள் உள்ளாகும் போது அந்தக் கதிரியக்கத்திற்குத் தாக்குப் பிடிக்காமல் அவைகள் அழிந்து போகும். ஆனால் சில இந்தக் கதிரியக்கத்திற்கும் தாக்கு பிடித்து வாழ்கின்றன.

அப்படிப் புவியில் கண்டறிந்து அதிகக் கதிரியக்கம் கொடுக்கப்பட்ட பொழுதும் இறக்காமல் இருந்த பாக்டீரியாவை சர்வதேச விண்வெளி நிலையத்திற்குக் கொண்டு சென்று ஆராயப்பட்டதை முன்பே விவாதித்தோம்.

இந்தப் பாக்டீரியாக்கள் மனிதனுக்கு நோய் பரப்புவதில்லை என்ற ஆராய்ச்சி முடிவு இதை மனிதனுக்கு நண்பனாக மாற்றிக் கொள்ள உதவியது. சூரியக்கதிரியக்கத்தால் ஏற்படும் பாதிப்புகளில் இருந்து காத்துக் கொள்ள இந்தப் பாக்டீரியாக்கள் கொண்டு உருவாக்கப்பட்ட ஆடைகள், அதீத வெப்பத்தால் ஏற்படும் சரும பிரச்சனைகளை எதிர் கொள்ளத் தேவையான களிம்புகள் போன்றவை ஆராய்ச்சியில் இருக்கிறது.

உயிர் இல்லாத நிலையில் இருக்கும் நுண்ணுயிரிகளையும் நாம் கண்டறிய முடியுமா?

அருகில் இருந்த புளிய மரத்தில் உள்ள பழுத்த புளியம் பழங்கள் கீழே இருந்தன. அவற்றை எடுத்து அனைவருக்கும் சாப்பிட ஒன்று கொடுத்தான் அபி. "இந்த மரம் எப்படி உருவாகிறது" என்று அங்குக் கூட்டத்திலிருந்த ஒரு சிறிய பெண்ணைக் கேட்டான்.

எல்லாம் மரங்களும் விதை போட்டால் உருவாகும். புளியங்கொட்டை தான் விதை. அதை விதைக்க வைத்தால் மரம் வளர போகிறது என்றாள்.

"சரி, இந்த விதை நான் நெடுங்காலமாக விதைக்காமல் வைத்திருக்கிறேன். ஏதாவது காரணத்தால் அது முளைக்காமல் போய்விடுமா?" என்றான் அபி.

"ஒவ்வொரு விதைக்கும் அதற்கென்று வாழ்நாள் உள்ளது. சில முறை பழைய விதைகளை வைத்து கீரை பயிரிட்டபோது வளரவில்லை என்று என் அம்மா கூறி இருக்கிறார்" என்றாள் அந்தச் சிறுமி.

நீ கூறுவது முற்றிலும் சரிதான். சரியாகப் பராமரிக்கப்படாத விதைகள் தனது விதைப்புத் திறனை இழந்து விடுகின்றன. விண்வெளிக்கு செல்வதால் விதைகளில் ஏதாவது மாற்றம் நடக்கிறதா என்பது ஆராயப்பட்டது. புவியில் இருந்து தக்காளி விதைகள் கொண்டு செல்லப்பட்டு ஐந்து ஆண்டுகள் அங்கே வைக்கப்பட்டு மீண்டும் பின்னர்ப் புவிக்குக் கொண்டு வந்து அதன் முளைப்புத்திறன் சரிபார்க்கப்பட்டது. அதில் எந்தவித மாற்றமும் கண்டறியப்படவில்லை.

ஒரு பயிரின் அறுவடை முடிந்த பிறகு அதில் இருந்து கிடைக்கும் விதையை நாம் பராமரிக்கிறோம். மீண்டும் சரியான சூழ்நிலை வரும்போது தான் அதைப் பயிரிடுகிறோம். "ஆடி பட்டம் தேடி விதை" என்ற பழமொழி போல் அந்தக் குறிப்பிட்ட வகையான செடிகள் பயிரிடுவதற்குப் போதுமான சீதோசன நிலையும் தண்ணீரும் வேண்டும். அதனால் உகந்த காலநிலையைக் கண்டறிந்து விதைக்கிறோம்.

அதுவரை அந்தப் பயிரின் இனத்தை அதனுடைய விதை பாதுகாக்கிறது. மரங்களின் விதைகள் இப்படிச் சில நூறு ஆண்டுகள் வரை பாதுகாக்கும். மரம் எனும் உயிரி விதை எனும் யுக்தியை கையாண்டு சாதகமான சூழ்நிலை வரும் பொழுது காடுகளில் முளைத்து வருகிறதோ, அதேபோன்று யுக்தியை

நுண்ணுயிரிகளும் செய்கின்றன. குறிப்பிட்ட வகையான நுண்ணுயிரிகள் ஸ்போர்ஸ் (*Spores*) எனப்படும் தனது வித்திகளை உருவாக்கும். அவை அழிந்து விட்டாலும் இந்த வித்திகள் பாறை, இடுக்குகள் எனப் பல இடங்களில் ஒட்டிக் கொண்டிருக்கும். தேவையான சூழ்நிலை வரும் பொழுது அவை உயிர்த்தெழுந்து தனது சந்ததியை பெருக்குகின்றன. ஆனால் இப்படி வித்திகளை உருவாக்கும் நுண்ணுயிரிகளின் எண்ணிக்கை மிக மிகக் குறைவு.

நாம் வேற்றுக் கிரகத்தில் உயிர்கள் இருக்கின்றனவா? என்று ஆராய்ச்சி செய்யும் பொழுது இது போன்ற வித்திகள் இருக்கின்றனவா? என்பதையும் ஆராய்கிறோம்.

அதனால் தான் செவ்வாய் போன்ற மற்ற கிரகங்களுக்குச் செயற்கைக்கோளை அனுப்பும்போது அவற்றில், புவியில் இருக்கும் நுண்ணுயிரிகள் இல்லாமல் இருக்குமாறு பார்த்துக் கொள்கிறோம். புவியில் இருக்கும் நுண்ணுயிரிகளை நாம் அங்குக் கொண்டு சென்று விட்டால், அங்கே என்ன நுண்ணுயிரி இருந்தது என்ற தகவல் கிடைக்காமல் போய்விடும்.

உயிர் ஆதாரத்தைத் தேட வேற்றுக் கிரகங்களில் மனிதர்களைத் தேடக்கூடாது. மனிதர்கள், விலங்குகள் எனப் புவியில் உள்ள அனைத்திற்கும் ஆதாரமாக இருந்த நுண்ணுயிரிகளைத் தான் முதலில் தேட வேண்டும் என்பதைக் குழந்தைகள் தெளிவாகப் புரிந்து கொண்டனர்.

புவியிலிருந்து வேற்றுக் கிரகத்தில் மனிதர்கள் இருக்கிறார்களா என்று ஆராய்ச்சி செய்யச் செவ்வாயை நோக்கி மனிதன் படை எடுக்கிறான். எப்படிப் புவியில் ஒரு நுண்ணுயிரி தோன்றி அதிலிருந்து ஒரு செல் உயிரி தோன்றி இன்று மனிதனாகப் பரிமாணமடைந்திருக்கிறானோ அது போல் சூரிய குடும்பத்தில் உள்ள எரிகற்கள் செவ்வாய் கோளாகிய வீட்டிலும் ஏதாவது சிறிய நுண்ணுயிரி இருக்கிறதா? என்று தேடிக் கொண்டிருக்கிறோம். இப்படி நமது தேடலுக்கு விண்வெளிப் பயணம் ஒரு முக்கியமான ஒன்றாகும்.

புவியிலிருந்து நிலவுக்கும் செவ்வாய்க்கும் பொருட்களைக் கொண்டு சென்று கட்டுமானம் செய்வதற்கு அதிகப் பொருட்செலவாகும். அதனால் அங்கே கிடைக்கும் பொருட்களை வைத்துக் கட்டுமானங்கள் செய்யும் முறை பற்றிய ஆராய்ச்சிகள் நடைபெற்று வருகின்றன.

புவியில் இருந்து மண்ணை நிலவுக்குக் கொண்டு செல்வதற்கு நிறையச் செலவு ஆகுமா?

ஒரு கிலோ எடையுள்ள பொருளை ஆயிரம் கிலோ மீட்டர் உயரத்திற்குக் கொண்டு செல்லவே 5 லட்சத்திற்கும் கூடுதல் செலவாகும் அதுவே நிலவுக்குக் கொண்டு செல்ல வேண்டும் என்றால் 20 லட்சம் ரூபாய்ச் செலவாகும்.

நிலவில் ஈர்ப்பு விசை புவியின் ஈர்ப்பு விசையில் ஆறில் ஒரு பங்கு என்பதால் புவியைப் போன்று அதிக ஈர்ப்பு விசையை எதிர்த்து ஏவு வாகனம் புறப்பட வேண்டிய தேவை இருக்காது. அதனால் மிகக் குறைந்த விசை உள்ள ஏவு வாகனத்தை வைத்து நிலவிலிருந்து செவ்வாய் போன்ற மற்ற கிரகங்களுக்கு எளிதாகச் செல்ல முடியும். ஆனால் நிலவில் இருக்கும் பொருட்களை வைத்து அங்கே கட்டுமானம் செய்வதற்குப் பிரச்சினைகள் இருக்கிறது. அதற்காக நிலவில் கிடைக்கும் மண்ணைப் பாக்டீரியாக்களுடன் கலந்து ஒரு உறுதியான கட்டுமானத்தை உருவாக்க முடியுமா? என்று ஆராய்ச்சிகள் நடைபெற்று வருகின்றன முதற்கட்ட சோதனையில் அவை பயன் தரும் என்று கண்டறியப்பட்டுள்ளது.

மார்ச் 2015 இல் இருந்து மார்ச் 2016 வரை விண்வெளிக்குக் கொண்டு செல்லும் மனிதனுக்கு ஏதாவது பிரச்சனை ஏற்படுகிறதா? என்ற ஒரு ஆராய்ச்சியை நாசா விண்வெளி நிலையம் நடத்தியது. விண்வெளிக்குச் செல்வதால் மனிதனின் உடலில் உள்ள பாக்டீரியாக்கள் எவ்வாறு தகவமைத்துக் கொள்கின்றன என்ற ஆராய்ச்சியை அதில் செய்தனர்.

நாம் வாழும் சூழ்நிலைக்கு ஏற்ப உடலில் உள்ள பாக்டீரியாக்கள் மாறுபடுகிறது. சாப்பிடும் உணவிற்கு ஏற்பவும் மாறுபடுகிறது. விண்வெளிக்கு என்று பிரத்தியோகமாக உருவாக்கப்பட்ட உணவுகள் மட்டும் தான் செல்கின்றன. பின்னர் எப்படி ஆராய்ச்சி ஒரே போல் இருக்க வாய்ப்பு இருக்கிறது.

இந்த எல்லாச் சாதகப் பாதகங்களையும் ஆராய்ந்து யாரோ ஒருவரை வைத்து ஆராய்ச்சி செய்யாமல் ஒன்றாகப் பிறந்த ரெட்டையர்களை வைத்து ஆராய்ச்சி செய்தார்கள். ஒரே போல் இருக்கும் ஒரே போன்று குணாதிசயங்களை உடைய இரண்டு நபர்கள் இதற்காகத் தேர்ந்தெடுக்கப்பட்டனர்.

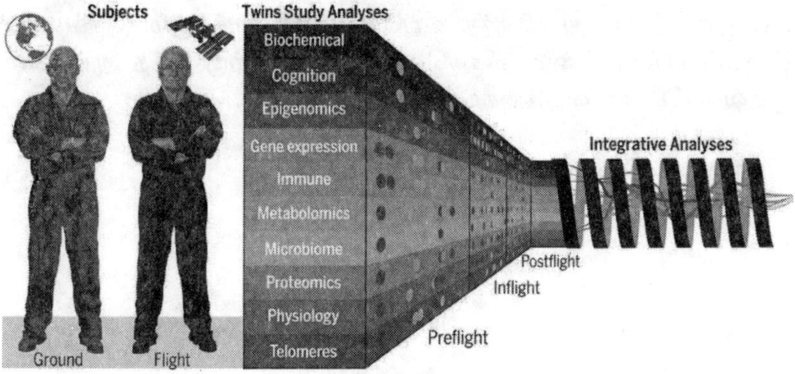

நாசாவின் இரட்டை சகோதரர்கள் ஆராய்ச்சியில் நுண்ணுயிரிகள் உட்பட பல்வேறு உடலியல் மாறுபாடுகள் ஆராயப்பட்டன

ஒரே மாதிரியான இரட்டை விண்வெளி வீரர்களின் (ஸ்காட் மற்றும் மார்க் கெல்லி) மூலக்கூறு சுயவிவரங்களை ஒப்பிட்டுப் பார்ப்பதற்கான முதல் ஆய்வாக இரட்டையர் ஆய்வை நாசா அங்கீகரித்துள்ளது. விண்வெளிப் பயண அபாயங்களின் வெளிப்பாட்டிலிருந்து ஒரு மனிதனுக்கு என்ன உடலியல், மூலக்கூறு மற்றும் அறிவாற்றல் மாற்றங்கள் ஏற்படக்கூடும் என்பது கண்காணிக்கப்பட்டது. விண்வெளி வீரர் ஸ்காட் விண்வெளியில் இருந்தபோது, பூமியில் தங்கியிருந்த அவரது ஒத்த இரட்டைச் சகோதரரான மார்க் கெல்லியுடன் ஒப்பிட்டு ஆராய்ச்சிகள் நடைபெற்றன.

இரட்டை சகோதரர்களின் ஆய்வு முடிவுகள் விண்வெளியின் தீவிரச் சூழலுக்குத் தனிமனித உடல் எப்படி மாறுபடுகிறது என்ற பல சுவாரசியமான தகவல்கள் கிடைத்தது. இந்த ஆராய்ச்சிகள் நேர்மறையான விண்வெளி பயணத்திற்கு உறுதியளிக்கும் தகவல்களை நமக்குத் தந்துள்ளது.

விண்வெளிக்கு சென்றவரின் உடம்பில் எப்படி நோய் எதிர்ப்பு சக்தி இருக்கிறது. தடுப்பூசிகள் எடுத்துக் கொள்ளும்போது அதை விண்வெளியை உடல் எவ்வாறு உள்வாங்குகிறது. விண்வெளி கதிரியக்கத்தால் அவரது உடலில் எந்த விதமான மாற்றங்கள் ஏற்பட்டன. செல் மற்றும் ஜீன் பாதிக்கப்பட்டுள்ளதா? வயிற்றில் உள்ள நுண்ணுயிரிகளுக்கு ஏதாவது ஆபத்து ஏற்பட்டதா? என்று விரிவான ஒரு ஆராய்ச்சி நடைபெற்றது. இந்த ஆராய்ச்சியை எதிர்கால விண்வெளி பயணத்திற்கு மனிதர்களைக் கொண்டு

செல்லும் பொழுது மிகுந்த உபயோகமாக இருக்கும். செவ்வாய் கிரகம் போன்ற நீண்ட விண்வெளி பயணத்திற்கு இந்த ஆய்வுகள் முதல் கட்ட நடவடிக்கையாகும்.

13

வரும் காலங்களில் நுண்ணுயிரிகளின் உதவி

புவியைப் போன்ற வேற்றுக் கிரகத்தில் உயிர்கள் இருக்கின்றனவா? என்பதின் முதல் படி அங்கே நுண்ணுயிரிகள் இருக்கின்றனவா? என்ற ஆராய்ச்சி என்று கூறினீர்கள் அண்ணா. புவியில் உயிர்கள் தோன்றுவதற்கு மூல ஆதாரமாக இந்த நுண்ணுயிரிகள் தானே இருந்தது. அதைப் புவியில் உருவாக்கி, செவ்வாய் போன்ற கிரகத்தில் முதலில் கொண்டு போய் விட்டால் அவை மனிதன் வாழ்வதற்குத் தேவையான சூழ்நிலையை அங்கு உருவாக்கி விடும் அல்லவா? பின்னர் நாம் அங்குச் சென்று குடியேறி விடலாமே, என்று தனது எண்ண ஓட்டத்தை வெளியிட்டான் ஒரு சிறுவன்.

நீ கூறுவது செவ்வாயை ஆக்கிரமிப்பதற்கு ஒரு வகையான முறை. இதைப் பலரும் கூறுகிறார்கள். ஆனால் செவ்வாயில் இது போன்ற உயிரினங்களை உருவாக்குவது அவ்வளவு எளிது இல்லை. அதற்காகச் சர்வதேச அமைப்பிடம் அனுமதி வாங்க வேண்டும். மேலும் அங்கே என்ன இருக்கிறது என்று தெரியாமல் நாம் நினைத்தபடி மற்ற நுண்ணுயிரிகளை அங்கே கொண்டு செல்ல இயலாது. ஒருவேளை நாம் நினைத்ததற்கு மாறாக வேறு ஏதாவது நுண்ணுயிரிகள், அல்லது உயிரி அங்கே இருந்தால் அவற்றை அறியாமல் போக இது வழி வகுக்கும்.

மேலும் அங்கே இருக்கும் உயிர்கள் நாம் கொண்டு விடும் உயிரிகளை அழித்து விடவும் வாய்ப்பு உருவாகிவிடும். அதனால் நாம் ஒன்று நினைக்க நடப்பது ஒன்றாகிவிடும். இது போன்ற ஆராய்ச்சிகளில் முதலில் செவ்வாய் கிரகத்தில் உயிர்கள் இருக்கிறதா? இருந்தால் அவை எந்தவிதமான உயிர்கள் மற்றும் நுண்ணுயிரிகள் என்பது தெளிவாகத் தெரியும் வரை, மனிதன் வாழ்வதற்கு உகந்த இடமாகச் செவ்வாய் கிரகத்தை உயிரி தொழில்நுட்பத்தில் மாற்றுவது சாத்தியம் இல்லை.

நுண்ணுயிரிகள் உடலில் வேதிப்பொருட்களைச் சுரப்பதால் தான் ஜீரணம் போன்ற பல செயல்கள் நடைபெறுவதைக்

கூறினீர்கள். ஏன் மாத்திரை சாப்பிட வேண்டும். அதற்குப் பதிலாக நேரடியாக நுண்ணுயிரிகளைச் சாப்பிட்டால் போதும் அல்லவா?

இப்பொழுது ஆன்டிபயாட்டிக் போன்ற உடலுக்குத் தேவையான வேதிப்பொருட்களை மாத்திரை வடிவில் தயாரித்து உண்பது எளிதாக இருக்கிறது. ஆனால் எதிர்காலத்தில் நமக்குத் தேவையான பணிகளைச் செய்வதற்கு நுண்ணுயிரிகளை எடுத்துக் கொள்வதும் வருவதற்கு வாய்ப்பு இருக்கிறது.

கடல் மாசுபடும் போது, கடலில் உள்ள மாசுக்களை நுண்ணுயிரிகள் சாப்பிட்டுச் சுத்தம் செய்கிறது. எந்தவிதமான நுண்ணுயிரிகள் இப்படிச் செய்கின்றன என்பது ஆராய்ச்சியில் கண்டுபிடிக்கப்பட்டது. பின்னர் அந்த நுண்ணுயிரிகளை அதிக அளவு உற்பத்தி செய்து, கடலில் ஏற்பட்ட மாசுக்களை மிக விரைவில் சுத்தம் செய்தனர்.

“நீங்கள் கூறுவதைப் பார்த்தால் குரங்கை பழக்கப்படுத்தி மரம் ஏறி தேங்காய் போடும் ஒருவரை பற்றிப் படித்தேன். அதுபோல நுண்ணுயிரிகளை நமது கூட்டணியில் சேர்த்து பல வேலைகள் செய்து கொள்ளலாம் போலிருக்கிறது” என்றான் ஒருவன்.

அந்தக் கனவு அதிகத் தூரம் இல்லை, மிக அருகில் தான் இருக்கிறது. நிறைய இடங்களில் நவீன தொழில்நுட்பத்தைப் பயன்படுத்தும் பொழுது நிறையச் செலவாகிறது. மேலும் சுற்றுச்சூழலுக்கும் பாதிப்பு ஏற்படுகிறது. அதுபோன்ற இடங்களில் நுண்ணுயிரியை நாம் உதவிக்கு அழைக்கிறோம். எடுத்துக்காட்டுக்குக் குருடாயில் போன்ற எண்ணெய் எடுக்கும் கிணறுகளில் அழுத்தத்தை அதிகரித்து அதீத ஆழத்தில் இருக்கும் எண்ணெய் மேலே கொண்டு வரப்படுகிறது. இதற்காக ரசாயன பொருட்கள் பயன்படுத்தப்படுகிறது. இப்படி ரசாயனங்களைப் பயன்படுத்துவதால் சுற்றுச்சூழலுக்கும் பாதிப்பு, அங்கே வேலை செய்யும் மனிதர்களுக்கும் பாதிப்பு ஏற்படுகிறது.

இந்த வேலையைச் செய்ய அழுத்தத்தை அதிகரிக்க வேண்டும். அழுத்தத்தை அதிகரிக்க வேண்டும் என்றால் குறிப்பிட்ட ஒரு இடத்தில் உருவாகும் வாயுக்களின் எண்ணிக்கையை அதிகரித்தால் போதும். வாயுக்களை வெளியிடும் நுண்ணுயிரிகளை இதற்குப் பயன்படுத்துகிறார்கள். அவை அதிகமாகப் பெருகி எண்ணெய் கிணற்றில் தனக்குக் கிடைத்த உணவை சாப்பிட்டதற்குப் பிரதிபலனாக வாயுவை வெளியிடுகின்றன. அது அழுத்தத்தை

அதிகரித்து எளிதாகக் கிணற்றிலிருந்து எண்ணெயை வெளியே எடுக்க உதவுகிறது.

அதேபோல் தனிமங்களைப் பிரித்தெடுப்பதற்கு உயிரி தொழில்நுட்பம் கை கொடுக்கிறது.

"தங்கம், அலுமினியம் போன்ற தனிமங்கள் நமக்கு நேரடியாகக் கிடைக்காது. தாது பொருட்களைப் புவியிலிருந்து வெட்டி எடுத்து, அவற்றைச் சுத்தம் செய்யும் பொழுது அவற்றிலிருந்து தனிமங்கள் மற்றும் உலோகங்கள் நமக்குக் கிடைக்கும் என்று எங்கள் பாடத்தில் படித்திருக்கிறேன்" என்றான் ஒரு சிறுவன்.

"ஆமாம், கோலார் தங்க வயலில் தங்கம் எடுப்பதற்கு ஆகும் செலவு அதன் விலையை விட அதிகம் என்பதால் தான் அதிலிருந்து தங்கம் எடுக்கப்படுவதில்லை என்ற செய்தியும் நான் படித்திருக்கிறேன்" என்றான் மற்றொருவன்.

நீங்கள் கூறுவது அனைத்தும் உண்மைதான். நமக்குத் தேவையான உலோகத்தாதுக்களைப் பூமியிலிருந்து வெட்டி எடுக்கிறோம். அதற்காகப் பல கிலோமீட்டர் ஆழத்திற்கும் செல்கிறோம். இப்படிக் கிடைக்கும் தாது பொருட்களில் இருந்து தேவையான தனிமங்கள் பிரித்தெடுக்கப்படுகின்றன. இப்படி எடுக்கும் பொழுது அந்தச் சுரங்கத்தைச் சுற்றிய இடங்கள் கழிவு பொருட்களால் கொட்டப்பட்டு மாசு ஏற்படுகிறது. மேலும் தாது பொருட்களில் இருந்து தனிமங்களைப் பிரித்தெடுப்பதற்குக் குறிப்பிட்ட தொழில்நுட்பங்களைப் பயன்படுத்துகிறோம்.

இப்படிச் செயற்கை முறையில் தாது பொருட்களில் இருந்து உலோகங்களைப் பிரித்தெடுப்பதற்குப் பதிலாக இந்தப் பிரித்தெடுக்கும் வேலையை நுண்ணுயிரிகளைக் கொண்டு செய்வதற்கான ஆராய்ச்சிகள் நடைபெற்றுக் கொண்டு வருகின்றன. அதனால் செலவு குறைவு என்பது மட்டுமல்லாமல், சுற்றுச்சூழலுக்குப் பாதிப்பில்லாத ஒரு முறையில் நமக்குத் தேவையான தனிமங்களைப் பிரித்தெடுக்க முடியும்.

இப்படி உயிரி தொழில்நுட்பம், உணவுப் பொருட்கள் மட்டும் அல்ல, எல்லாத் துறையிலும் நாம் எண்ணிப் பார்க்க முடியாத அளவு மனித குலத்திற்கு உதவி செய்யும்.

கோடிக்கணக்கான நுண்ணுயிரிகள் இருக்கின்றன அவை எல்லாவற்றையும் பட்டியலிட முடியுமா? புதிதாக ஏதாவது ஒரு

இடத்தில் பார்க்கும் நுண்ணுயிரி உலகில் வேறு இடத்தில் யாரும் அதைப் பார்க்கவில்லை என்பதை எப்படி உறுதி செய்ய முடியும்?

பொதுவாக நுண்ணுயிரி மாதிரிகள் எடுக்கும் போது அதில் அதிக எண்ணிக்கையில் இருக்கும் நுண்ணுயிரியை பற்றி மட்டும் தான் நாம் ஆராய்ச்சி செய்கிறோம். கிடைக்கும் மாதிரியில் 90 விழுக்காட்டிற்கும் கூடுதலாகச் சில நுண்ணுயிரிகள் தான் இருக்கும். அவற்றை மட்டும் தான் நாம் ஆராய்ச்சிக்கு உட்படுத்துகிறோம். குறைந்த அளவு இருக்கும் நுண்ணுயிரிகளை ஆராய்ச்சி செய்வதில்லை. கணிப்பொறி இல்லாத காலத்தில் நுண்ணுயிரிகள் வகைப்பாடு சற்றுச் சிரமமாகத்தான் இருந்தது. ஆனால் இப்பொழுது ஒவ்வொரு நுண்ணுயிரி அறியப்படும் பொழுதும் அவை எந்தவிதமான டிஎன்ஏவை கொண்டுள்ளன, எந்தவிதமான குடும்பத்தின் கீழ் அவை வருகின்றன என்பது தெளிவாகப் பட்டியலிடப்படுகிறது. எதிர்காலத்தில் கணிப்பொறிக் கொண்டு தரம் பிரித்தல் மிகுந்த உதவியாக இருக்கும்.

ஏதாவது நோயைப் பற்றியோ அல்லது புதிய ஆராய்ச்சிகள் செய்யும் பொழுதோ புதிதாகப் பாக்டீரியாக்கள் கிடைத்தால் அவை புதிய பாக்டீரியாக்கள் என்று வகைப்படுத்தப்படுகின்றன. உண்மையில் அவை பரிமாண வளர்ச்சியில் புதிதாகப் பிறந்த பாக்டீரியாக்களாக இருப்பதற்கு வாய்ப்புகள் மிக மிகக் குறைவு. முன்பே இருந்தவை, மனிதர்களால் இனம் அறிந்து கொள்ள முடியாத நுண்ணுயிரிகளாக இருக்க வாய்ப்புகள் அதிகம் இருக்கிறது.

தூணிலும் இருப்பான் துரும்பிலும் இருப்பான் என்ற கதை கடவுளுக்குப் பொருந்துகிறதோ இல்லையோ நுண்ணுயிரிகளுக்குப் பொருந்துகிறது. இதைப் பற்றிப் படிக்க எந்தெந்த துறைகளைப் படிக்க வேண்டும்?

மைக்ரோ பயாலஜி எனப்படும் நுண்ணுயிரியல் மற்றும் பயோ டெக்னாலஜி எனப்படும் உயிரி தொழில்நுட்பவியல் பாடங்கள் இருக்கின்றன. எந்த விதமான நுண்ணுயிரிகள் அவற்றை எப்படிக் கண்டறிவது? இனம் கண்டறிந்த நுண்ணுயிரிகளை வைத்து கிருமித் தொற்று இருக்கிறதா? இல்லையா? என்பதை ஆராய்தல். நுண்ணுயிரிகளைப் பயன்படுத்தி உணவு பதப்படுத்துதல் மற்றும் தேவையான உணவுப் பொருட்களை உருவாக்குதல். மனிதர்களின் உடலில் ஏற்படும் மாற்றங்களுக்கு உயிரி தொழில்நுட்பத்தின் மூலம் தீர்வு கண்டறிதல் ஆகியவை இந்தத் துறை சார்ந்ததாகும்.

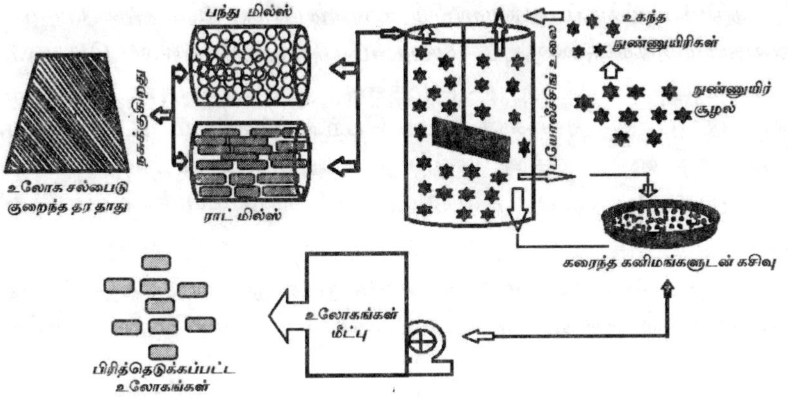

தாது பொருட்கள் பிரித்தெடுப்பில் நுண்ணுயிரிகள்

புவியில் ஏற்படும் மாசுக்களை உயிரி தொழில்நுட்பத்தின் மூலம் கட்டுப்படுத்துதல். உயிரி தொழில்நுட்பத்தைப் பயன்படுத்தி எளிய முறையில் தாது பொருட்களில் இருந்து உலோகங்களைப் பிரித்தெடுப்பது போன்ற தொழில்நுட்பங்களை உருவாக்குதலும் அடங்கும்.

விண்வெளி உயிரியல் துறை சமீபகாலமாகச் சிறப்புப் பெற்று வருகிறது. விண்வெளியில் மனிதர்கள் வாழ்வதற்கு உகந்த குடிலை அமைத்தல். அங்கே இருக்கும் நுண்ணுயிரிகளால் மனிதர்களுக்குப் பாதிப்பு இருக்கிறதா? என்று ஆராய்தல். வேற்றுக் கிரகங்களில் உயிரிகள் பிறப்பதற்கான வாய்ப்பு இருக்கிறதா? என்ற ஆராய்ச்சிகள் இந்தத் துறையில் செய்யப்படுகிறது.

நமது உண்மையான நண்பனான நுண்ணுயிரிகளைப் படிக்கப் படிக்க மனித குலம் அடையும் பலனும் எண்ணற்றதாக இருக்கும் என்று கூறி முடித்தான் அபி.

கடந்த ஆறு மாதங்களுக்கு மேலாக இப்படி உரையாடல்கள் அபிக்கும் மற்ற குழந்தைகளுக்கும் இடையே சென்று ஒரு முடிவை அடைந்தன. குழந்தைகளுக்கு 21- 22 ஆம் கல்வி ஆண்டுக் காணொளியில் வகுப்புகள் நடைபெற்றன. ஆனால் அபி கல்லூரிக்குச் செய்முறை தேர்வுகளுக்குச் செல்ல வேண்டும் என்று தனது மாமாவிடம் இருந்து விடை பெற்று கல்லூரியை நோக்கி புறப்பட்டான்.

அவன் குழந்தைகளோடு உரையாடியதை தினமும் கேட்டுக் கொண்டிருந்த அத்தையும் மாமாவும் அவனைப் பற்றிப் பெருமை கொண்டனர். மேலும் குழந்தைகளும் தாங்கள் தினமும் விவாதிப்பதை அவர்களுடைய பெற்றோர்களிடம் கூறினார்கள். அதனால் அபி ஊருக்கு சென்ற நாள் அனைவரும் அவன் மாமா வீட்டிற்கு வழி அனுப்ப வந்திருந்தது நெகிழ்ச்சியான சம்பவமாக இருந்தது.

நமது உண்மையான நண்பனான நுண்ணுயிரியை பற்றிப் பல தகவல்களை இந்தப் புத்தகம் உங்களுக்கு அளித்திருக்கும் என்று நம்புகிறேன்.

இரண்டு ஆண்டுகளுக்கு மேலாகக் கோரத்தாண்டவம் ஆடிய கொரோனா தொற்று நோய் உலகில் 65 கோடிக்கு அதிகமான மக்களைப் பாதித்தது. அதில் 67 லட்சம் மக்கள் உயிரிழந்தனர். அதேபோல் இந்தியாவில் நான்கரை கோடி மக்கள் பாதிக்கப்பட்டு, ஐந்து லட்சத்திற்கும் கூடுதலான உயிர் பலி ஏற்பட்டது. ஆனால் உண்மையில் உயிரிழப்பு இதைவிட அதிகமாக இருக்க வாய்ப்புகள் இருக்கின்றன.

மேலும் மற்றொரு தொழில்நுட்பத்துடன் சந்திக்கலாம் நன்றி.